北京大学设计课程系列

海绵田园

Sponge Farm

俞孔坚 王璐 付宏鹏 揭华
李彤 彭晓 王玉圳
著

中国建筑工业出版社

前言

Foreword

农业，乃民生之本，是中华儿女代代传承的基石。水利文化遗产，是中国农业文化遗产的重要组成部分。徽州地区自古以来便是我国灿烂文化中的一颗明珠。无数人才从这里走出，无数人类智慧的结晶在此凝结。在古代农耕社会，“靠天吃饭”，受到自然的极大限制。勤劳智慧的徽州人顺应自然而又因势利导，通过修筑营建人工水利设施调节、分配水资源，满足生产和生活的需要。自东晋年间起，陆续在丰乐河上修筑了昌堨、条陇堨、雷堨、吕堨等数座古堨，引水灌溉农田。优越的自然条件以及历代经营的水利设施使得歙县西乡自古就是徽州农业高产地区之一。

场地位于安徽省黄山市徽州区西溪南镇，范围涉及西溪南村和石桥村。水文环境独厚，丰乐河绕村而过，自宋代起河流之上便兴建起多个农田水利设施，被誉为“江南都江堰”。整体地势平缓，为徽州地区典型性平原农业生产区。条陇堨、雷堨、吕堨沿河而下，引水渠如同血管，将珍贵的水资源输送到肥沃的平原农田之中。水的流动，也促进了地域社会文化的发展，逐步形成了完善、独具特色的水利组织和管理制度。

一代代人在这里生长，片片土地也逐渐发生着变化。近40年来的快速城镇化和工业化，使这片土地面临着新的挑战和问题，这里的乡村水生态系统遭受到巨大的破坏。粗暴的、城市化的灰色基础设施和“机械化”“现代化”工程延伸至这里。拦河筑坝、河道改造、护岸加固、硬化水渠和田间道路等使这里的水环境问题进一步恶化。

水资源分配不均，滞蓄和调节系统进一步衰弱。总体上，西溪南属于水量较多的地区，一年四季气候温和，属北亚热带季风湿润气候。全年降雨量1498mm，主要降雨集中于早春和梅雨季节，伏秋多旱。丰乐河水库在一定程度上起到控制区域水量的作用。但对于场地内部，原有坑塘被硬化，或与外界连接渠道被阻断，原有引水渠硬化为排水渠，水快速排走，导致弹性的就地雨洪调节和水量调节系统受到破坏。在旱季，能够从坑塘里抽水灌溉的农田面积逐渐减少。

水污染形势愈加严峻。一是快速的工业化和城镇化建设，造成工业污水和居民生活污水增加。现有的污水管道和污水处理仍处在不完善的阶段，多处污水未经净化或者沉淀直排入渠入河。二是农业导致广大面源污染。为了实现农业的增产和增收，愈加便宜的农药和化肥被毫无顾忌地散入大地，而传统农业智慧提倡使用的人畜粪便等有机肥却直接排入水体。笔直的水泥灌渠，使得农药和化肥残留得不到截留和净化。多项研究证明，场地中氮磷超标严重，政府采取措施建设氮磷拦截工程，投入巨大，可收效较为有限。

水质和水量的问题进一步带来生态系统全面恶化。供给服务、调节服务、生命承载服务、文化精神服务，这四项水系统生态服务逐年受到破坏。被挖掘的河道，被固化的河堤，被硬化的渠道，被侵占的农田，被砍伐的林地，一处处的改变导致生物栖息地大量丧失，湿地河流生态系统退化严重。随着花朵的减少，曾经在这里安居乐业的养蜂人赶着蜂群走向更远方。曾经蛙声一片的田野逐渐寂静，曾经鱼虾嬉戏的自然河道只剩下浑浊的水体和裸露的卵石。原有如同血管的部分水渠被道路和建筑所侵占、填埋或覆盖，水系被当作村镇的排污通道和垃圾场。僵硬的水泥护岸上建设着丑陋的人工装饰，栽种着来自远方、需要精心养护的园林花卉。

本课程设计建立在俞孔坚教授的“海绵城市”理论基础之上，进一步尝试用自然做功的方式去建设“海绵田园”。对场地的社会和自然系统进行详细分析，深入场地调研并结合发展需求，通过生态修复的手段恢复场地中被破坏的系统。以研究区域作为徽州平原农业区域代表，探究平原水系统调节和农业发展新模式。

望花朵盛开，盼蜜蜂归来，等河岸再绿，愿人们在新田园之中乘物以游心。

垃圾堵塞在水闸前

挖掘机破坏河床

垃圾遍落在河边

浑浊的水流经硬化的渠道

农药散落在大棚前

水泥护岸上种植花朵

目录

Contents

平原
印象

表征

场地基础信息与水生态系统现状及演变

- 场地背景
- 水生态系统要素解析
- 水生态系统要素演变
- 研究问题

安徽省黄山市西溪南镇

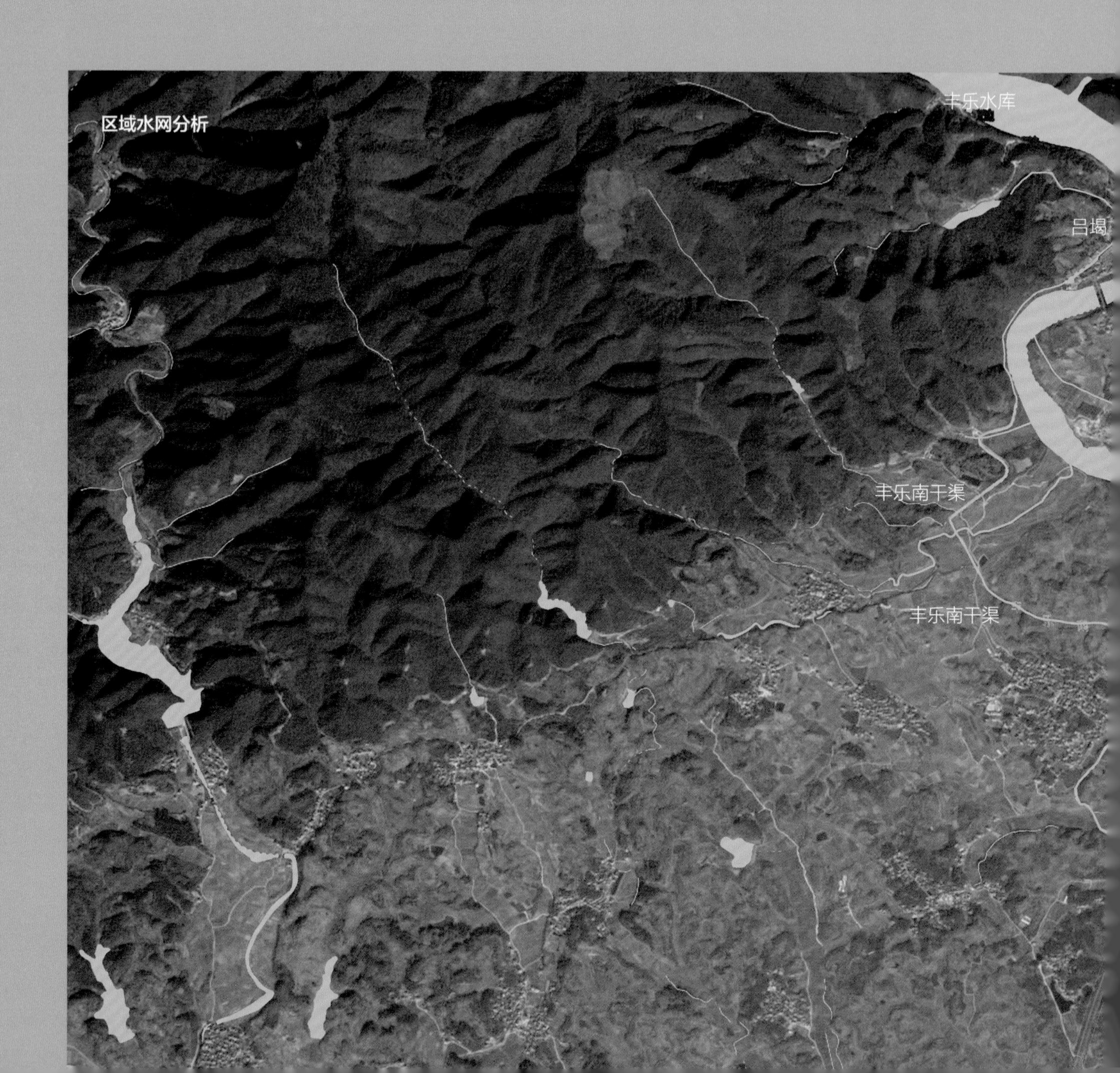

区域水网分析
丰乐水库
吕堨
丰乐南干渠
丰乐南干渠

黄山市基础数据	
面积	9807km^2
人口	1330565 人
场地生产总值	850.4 亿元
平均年降水量	1670mm

西溪南镇基础数据	
面积	47.8km^2
人口	14177 人
场地生产总值	1.592 亿元
平均年降水量	1498mm

石桥村
风行段支渠
丰乐河
西溪南村

场地背景

Site Background

地理分析

研究地位于黄山市西溪南镇的西溪南村与石桥村。西溪南镇位于黄山市徽州区西部，国土面积47.8km^2，下辖西溪南、竦塘、石桥、琶村、东红、坑上6个行政村，1.5万人口。西溪南镇所在的徽州区紧邻黄山景区南麓，是古徽州域名唯一传承地。2019年，西溪南村成为首批全国乡村旅游重点村；2019年，石桥村等成为安徽省第三批传统村落。

西溪南镇有 1200 年历史，位于黄山南麓，新安江上游，因傍丰乐河南岸，故旧称丰溪、丰南、溪南；始成于唐，兴于宋元，鼎盛于明清，1952 年建西溪南乡，1961 年成立公社，1983 年恢复西溪南乡，2001 年10月经安徽省人民政府批准撤乡建镇，2009年6月被安徽省委省政府确定为第一批扩权强镇试点镇；西溪南村1988年起隶属黄山市徽州区，为西溪南镇政府所在地。

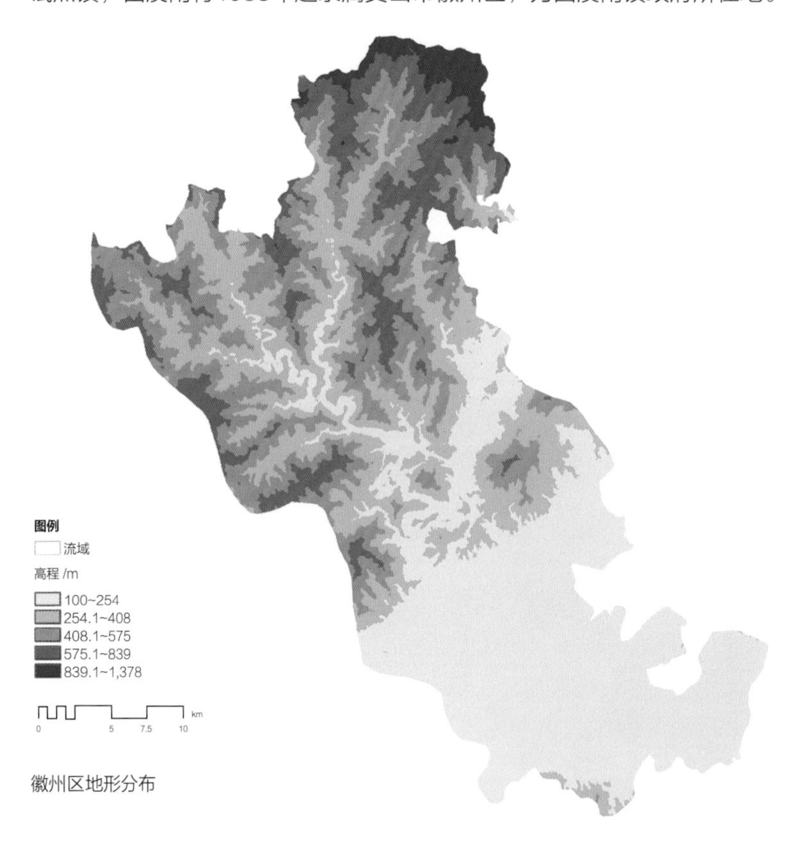

图例
流域
高程 /m
100~254
254.1~408
408.1~575
575.1~839
839.1~1,378
km
0
5
7.5
10

徽州区地形分布

丰乐河由北向南贯穿西溪南镇，属新安江上游主干支流，在西溪南境内55.3km，西溪南境内共有7km以上支流13条，河流总长182km。丰乐河满足灌溉、饮水、清洗、消防、泄洪等复合需求，总灌溉面积11.2万km^2。

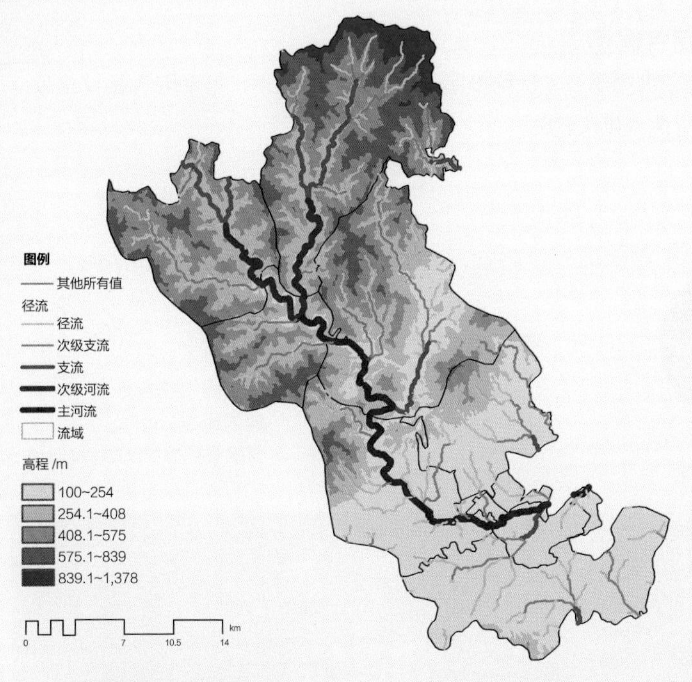
图例
其他所有值
径流
径流
次级支流
支流
次级河流
主河流
流域
高程 /m
100~254
254.1~408
408.1~575
575.1~839
839.1~1,378
0
7
10.5
14
km

黄山市徽州区水系分布

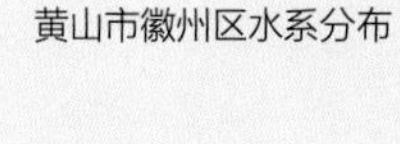

西溪南镇地处皖南山区，北部地势较高，南部地势较低，盆地地貌，南部方圆数十里一马平川，系丘陵平原区，堪称歙州之上第一平原。

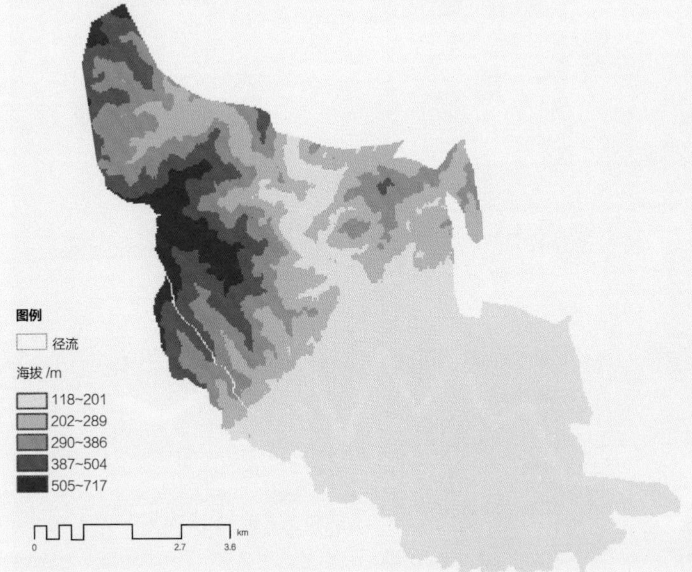
图例
径流
海拔 /m
118~201
202~289
290~386
387~504
505~717
0
2.7
3.6
km

西溪南镇地形分布

水文
气候条件

北亚热带季风湿润气候型

主要降水集中在早春和梅雨季节，伏秋多旱，全年日照1955h，年平均气温17.2℃，无霜期224天，年主导风向是东北风。

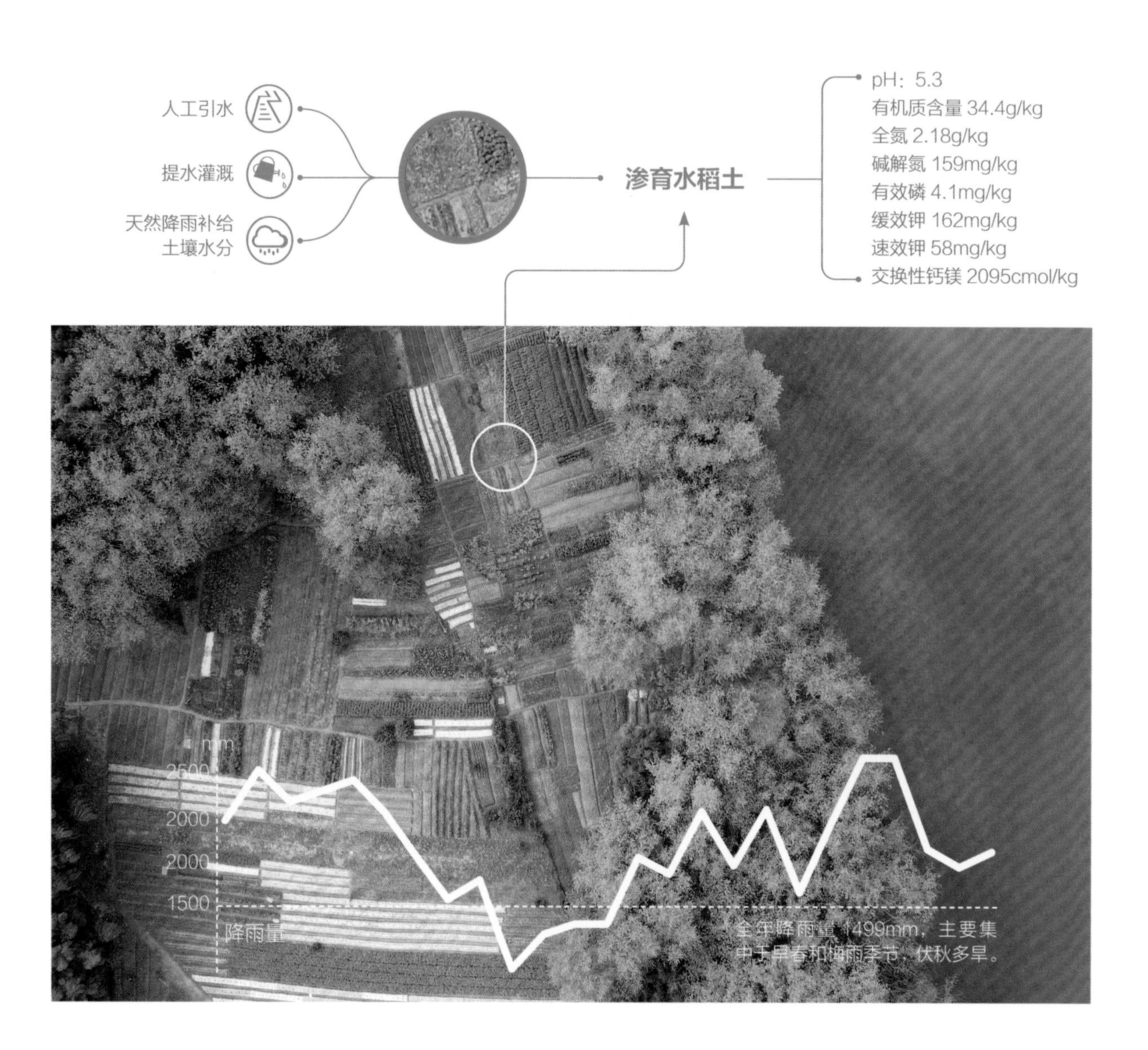

人工引水
提水灌溉
天然降雨补给土壤水分
渗育水稻土
pH：5.3
有机质含量 34.4g/kg
全氮 2.18g/kg
碱解氮 159mg/kg
有效磷 4.1mg/kg
缓效钾 162mg/kg
速效钾 58mg/kg
交换性钙镁 2095cmol/kg
mm
2500
2000
2000
1500
降雨量
全年降雨量1499mm，主要集中于早春和梅雨季节，伏秋多旱。

研究地块分析

研究地块为西溪南村与石桥村，占地面积为288hm^2。场地内整体平坦，竖向变化小，场地自东向西高程为136.00～140.00，自北向南高程为138.00～139.00。现状植被以丰乐河河岸及溪中岛分布的大片枫杨林为主，同时，村前屋后分布大量竹林和菜园；场地内现状村内道路为传统街巷，尺度较小，丰乐河岸边道路为田埂路。

石桥村
西溪南村

基地平面——平原田、水、村格局

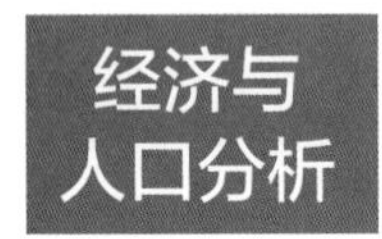
经济与
人口分析

养蜂业是西溪南的传统特色优势产业。石桥村是全市重点蔬菜生产基地之一，主要种植品种有番茄、四季豆、黄瓜等，其中，番茄是石桥村的主打品牌。

西溪南村：为西溪南镇政府所在地村，紧靠高铁黄山北站，南通黄山新城，东接徽州区府岩寺。西溪南村是原芝篁村和西溪南村于2008年合并的村。

石桥村：古称“石浦”，别称“琴溪”，位于徽州区西溪南镇西部，丰乐河上游。2019年石桥村等成为安徽省第三批传统村落。

	西溪南村	石桥村
村民组	26个村民组	6个村民组
户数	1440户	325户
总人数	4785人	1323人
流动人口	11.7% 563人	19.2% 254人
养蜂业	285户 3000万元	52户 547万元
种植业	103户	260户
旅游业	120户	25户
畜牧养殖业	28户	42户

场地认知与调研

访谈人数：30+

当地政府人员　新居民　游客　农民　场地感知

访谈主题

场地概况　个人背景　交通状况　收入情况　人文风俗
发展方向　创业状况　游赏感受　作物种植　风景名胜
发展难题　居住感受　评价建议　用水情况　乡土气息

水生态系统要素解析

Analysis of Water Ecosystem Elements

种植区分布

种植区包括水田（莲藕联合生产）、旱田（西红柿和蔬菜）以及水旱两作田（油菜一水稻复种区）。资料显示，场地所在区域处于整个徽州地区水田的重点区域，属平坦的河谷腹地。徽州区一级地广泛分布于休屯盆地和丰乐河沿岸一带地势平缓的区域，岩寺镇、西溪南镇、潜口镇等都有大面积分布。多为高产粮田和大棚蔬菜地，成土母质为壤质河流冲积物；耕层质地类型以中壤土和重壤土为主，少数为轻壤土，灌溉条件以很好、好为主，排涝能力很好。经调研，推测农业污染主要来自钾肥、杀虫剂和除草剂。

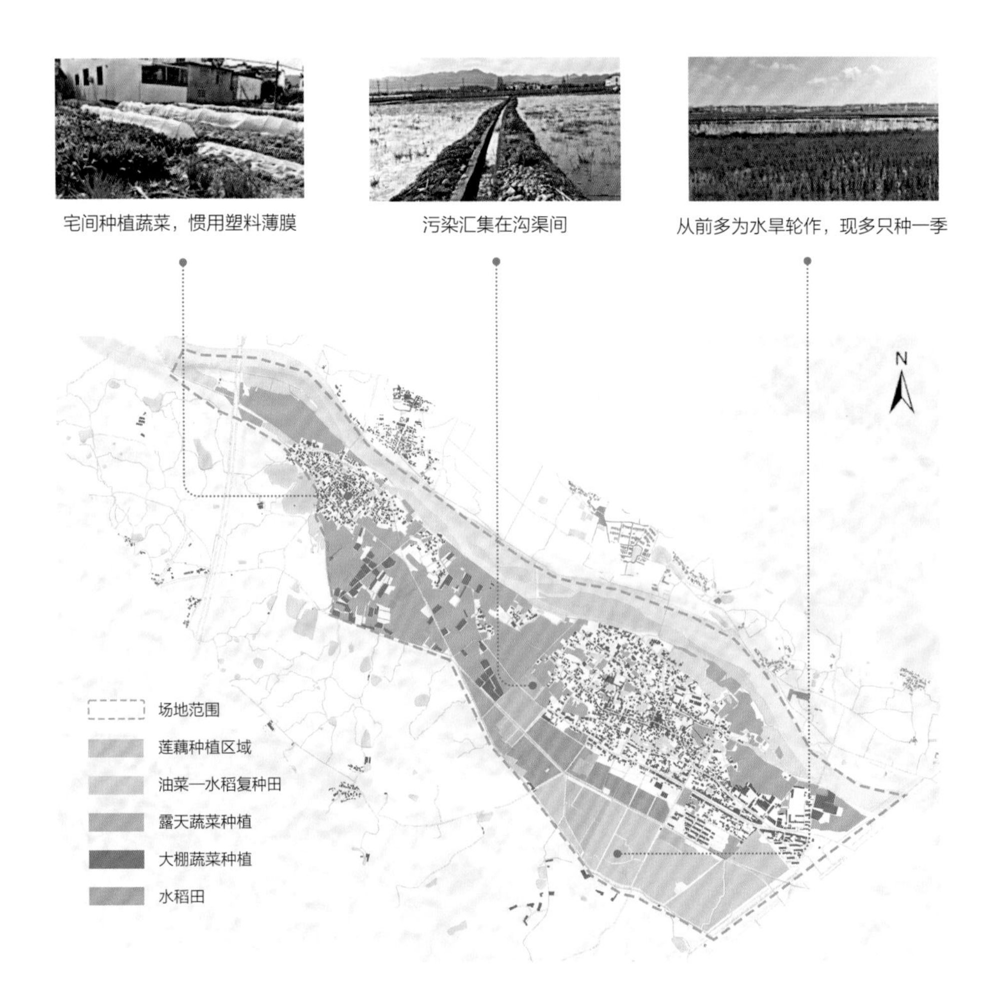
N
场地范围
莲藕种植区域
油菜一水稻复种田
露天蔬菜种植
大棚蔬菜种植
水稻田

宅间种植蔬菜，惯用塑料薄膜

污染汇集在沟渠间

从前多为水旱轮作，现多只种一季

聚落文化

西溪南曾是古徽州的文化鼎盛区域，其乡村聚落具有一定代表性，文化遗存丰富。聚落文化留存有徽州古民居建筑、果园、老屋阁、绿绕亭、古街巷、古银杏、祠堂等实物，以及西溪南八景等古画印象、西溪南曾经展现的人与自然共生的方式、古水利体系等。面对发展带来的一系列问题，如何在新的时代进程中重塑西溪南人、水、田的和谐田园关系，是设计研究的重点。

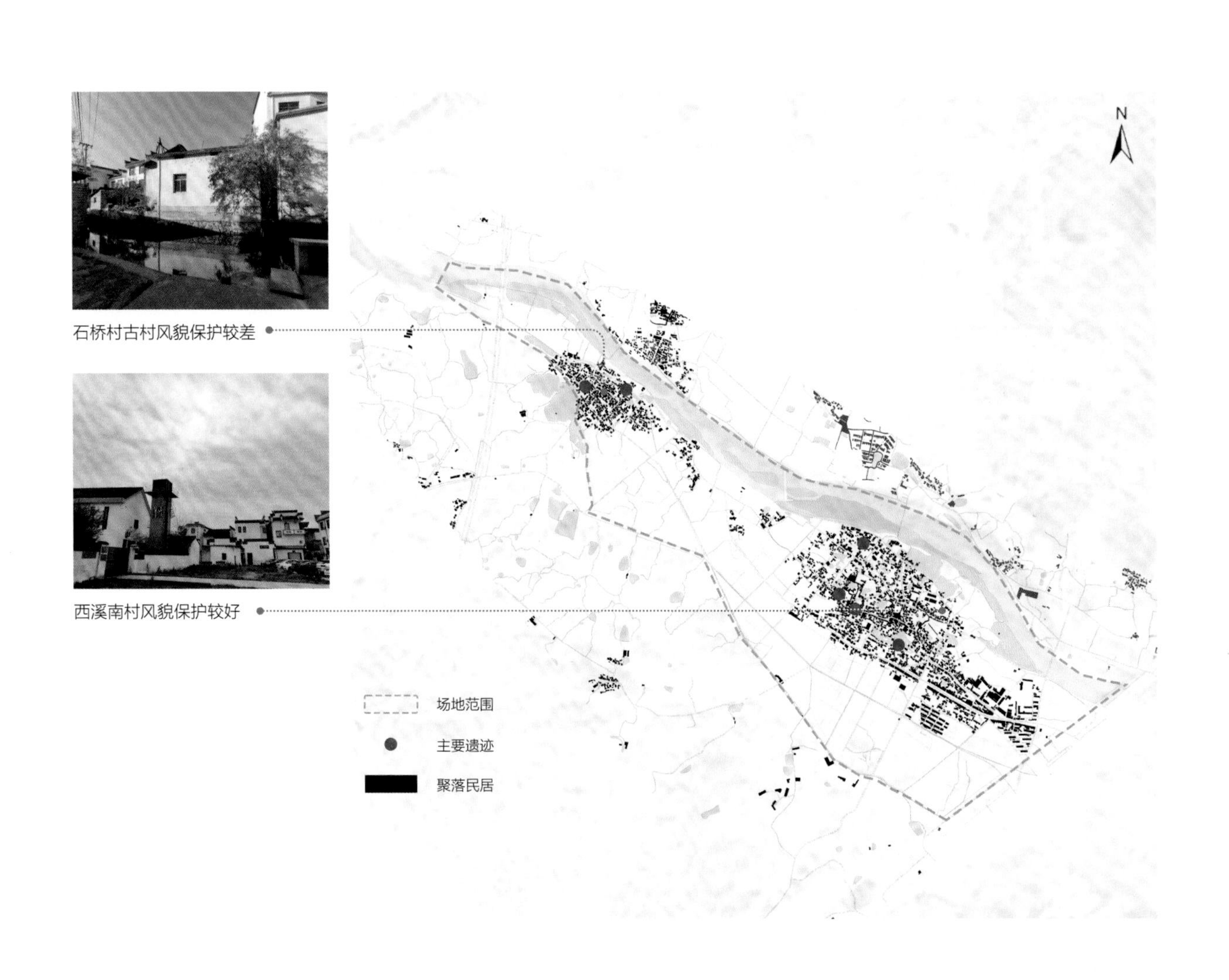
石桥村古村风貌保护较差
西溪南村风貌保护较好
N
场地范围
主要遗迹
聚落民居

水利系统

丰乐河沿河而下分布有条陇堨、雷堨、吕堨。西溪南村有过詹塘、渔翁塘、十二楼园塘、果园塘4个塘。石桥村现存塘数量较少，村内有一口深塘，还有一口鱼塘。现有塘的利用模式大多为景观观赏、水田、养鱼、泄洪，部分仍用于灌溉。由堨引水进入村田的沟渠，原为石块累积，现在部分重修或新建的由混凝土构造。原为陂塘系统的连接部分，是从河流到田地、城镇的引水用水通道，现在依旧是用于灌溉的重要水利设施。原有水渠为石制。20世纪90年代新修水渠，新农村建设后大量水渠硬化。

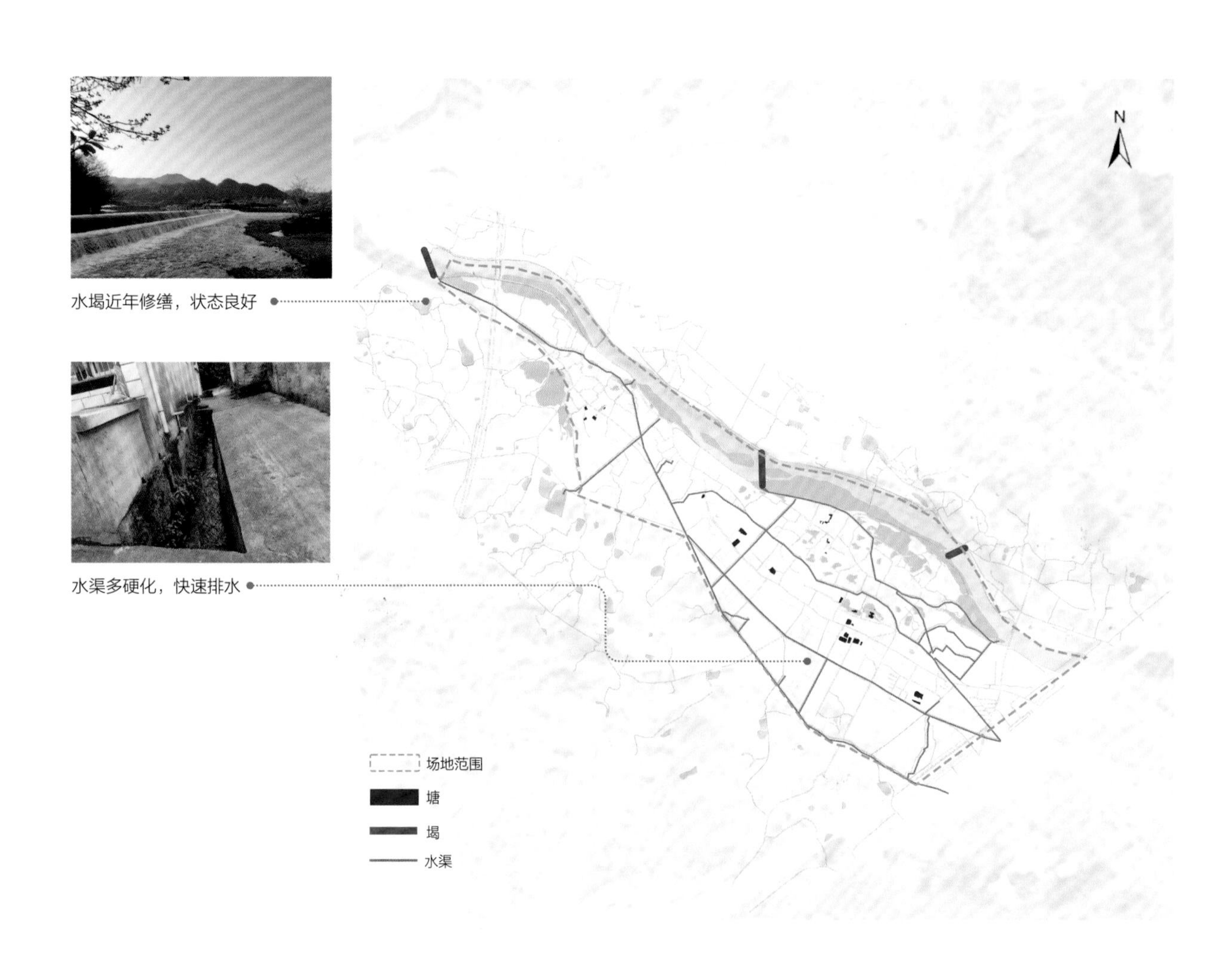
N
水堨近年修缮，状态良好
水渠多硬化，快速排水
场地范围
塘
堨
水渠

林草地分布

场地中林地多沿河分布，林下多为原生草地，主要树种为枫杨。河边林地气候潮湿，植物群落丰富，形成湿地，具有净水、防洪功能。西溪南村内部分地块有零星树林。多为原有大树，附属于原有园林。

总体上，场地林草地覆盖面积较小，树种较为单一。

部分林地下，村民在此放牧
河边树林、林下草地形成湿地
N
场地范围
林草地

水生态系统要素演变

Evolution of Water Ecosystem Elements

整体历史发展背景

阶段	宏观背景与政策	城镇建设与百姓生活	农田水利建设
唐宋元	较长时期的社会安定	形成于唐，历经宋元发展	水利迅速发展，修建大型水利设施
明清	农商繁盛	商者足迹遍布徽州，以盐商为主，兼营茶、木材、典当等行业	进一步维护和修缮宋元时期留下的水利工程，增加小型灌溉水利工程。整体上，灌溉面积、塘的数量增加
民国至 1949 年	太平天国战祸带来毁灭性打击	城镇缓慢衰落，多处建筑被烧毁	除了灌溉外，雷堨的水用来建设发电站，利用水系发电
1949—1963 年 土地改革和整理阶段	逐步建立稳定的环境恢复生产	城镇缓慢发展，人民公社成立后大力发展农田水利基本建设，建设简易乡村公路	开挖了部分新沟，部分渠道改弯取直
1964—1978 年 农业学大寨运动	农业生产与阶级斗争联系，混乱和曲折相伴，探索和前进并行		结合清沟灭螺工作，重新规划灌区的渠系和建筑物的布局，渠道改弯取直，对全线渠道进行整修；1976 年建成丰乐水库，用于蓄水防洪和灌溉供水
1978—1998 年 改革开放、农村家庭联产承包责任制、社会主义市场经济发展	党的十一届三中全会之后，建立了以家庭联产承包责任制为主要形式的农业生产方式；农村改革开始向社会主义市场经济转变；初步建立了农产品市场体系	城镇快速发展，人民逐渐富裕；石桥村大面积拆掉老房子，新建洋房	进一步增设水利设施，如防洪闸等
1997—2011 年 农村改革的深化期	开始实施土地流转政策；2001 年 10 月，经安徽省人民政府批准，撤乡建镇	2005 年，西溪南镇开展国家农业综合开发，开展修路等工程；西溪南集镇建设迅速	2000 年初，进一步挖通田里的水渠，形成更加系统的排水灌溉系统，建排洪闸；2005 年，进一步下挖水渠，硬化主要水渠
2011 年至今 乡村振兴	党的十八大之后出台了“三农”发展的系列政策措施，党的十九大提出实施乡村振兴战略	年轻人外出打工；西溪南镇着力发展旅游，打造创意小镇；新住民新业态涌入	2012 年，进行新安江流域生态补偿；2019 年，进行雷堨古坝水系修复及生态景观打造；2020 年，进行农业面源污染氮磷生态拦截项目建设。全面推进沟渠清淤、塘堰扩挖等工程建设，通过建设生态湿地、配置植物群落、曝气、采用微生物菌剂等措施开展生态修复

种植变化	灌溉用水			生活用水		
	灌溉方式	管理方式	存在问题	排水方式	用水方式	存在问题
种植水稻、油菜和蔬菜	主要靠天吃饭。水车：翻车、筒车；人力提水；从堨引水；山塘引水	堨众、堨甲、堨首（大家族为首）；均享有使用堨水灌溉的权利，也承担疏浚、修葺的义务	水利设施易被洪涝冲毁，年年淤积，需要清淤	各家各户用水直接排放入堨或者河	临河的村民早上六七点打水回去，住在村中的居民打水井里面的水喝，大家遵守严格的分时用水习惯	用水较为受限，水资源分配存在争议
		除以上，咸丰年间新增董事（考取功名者），与官府协商				
扩大水稻种植面积		人民公社大力新修农田水利				
分田到户，石桥村进行农业产业化结构调整，不再单一生产粮食，而是大兴大棚蔬菜种植，走多种经营的道路。蔬菜田增加，水稻减少	20世纪70年代陆续用上水泵，水车逐渐消失，人力提水也减少了，从堨和塘引水保留，也会等待水库放水后漫灌	村民集资维修大型水利设施，个体农户自行管理小块田地	水资源存在分配不均的问题，沟渠存在一定的破坏	因为马桶的使用，陆续建设普通沉淀池	20世纪90年代起，水渐渐被污染，大家不再直接饮用。2001年，石桥村自来水工程修建完毕，大家用上了自来水	水体逐渐被污染，无法直接饮用；大部分村民的用水并未得到很好的处理
西溪南村陆续增加莲藕种植		主要靠政府水利部门管理和修建	沟渠硬化，农药施用等导致农业面源污染加重；淤积问题同样存在；塘逐渐消失	20世纪90年代，建设格栅式沉淀池；2010年，陆续安装废水收集桶		
西溪南村陆续增加赤松茸种植采摘园、覆盆子示范采摘园		2013年，全省推行河长制；由水利部门进行管理并促进发展		2012年，启动太阳能微动力污水处理项目，建设污水处理站；2015年，陆续建立地下污水管网，部分企业先行；2020年，启动西溪南镇自然村农村生活污水管道建设项目，将生活用水接入城市污水主管网	村民不再取用堨或者河里的水作为饮用水，但是还会在堨或者河边洗衣服或者洗菜	工程建设耗资大，维持难，建设周期长；水体污染情况仍然严峻

主要水利设施演变

条陇堨

条陇堨

民国《歙县志》载，条陇堨原为两堨：一为条堨，又名“桥堨”，由西溪南吴姓支会开筑；一为陇堨。二堨均创建于明正德年间（1506—1521年）。沿用至清同治年间，两堨合筑一堨，始称“条垅堨”，现为混凝土埋块石溢流重力坝。条陇堨长113.3m，最大坝高7.46m（其中河面上坝高2.3m），底宽10m，溉田2700余亩*，主要满足西溪南镇石桥村、西溪南村群众生产生活用水需求。条陇堨由新桥口引丰乐河水，经石桥、琴溪东趋至下游雷堨止。

在今天的西溪南村，这条水渠人工开凿，底部、左右壁用一块块厚砖头砌成，上面覆盖厚厚的石板，可供人行走。为方便群众涮洗，顺着弯弯曲曲的街势，在百米处街旁露出一段“露天渠”，砌好水埠，供民洗衣、淘米、洗菜之用。为保护街心渠石板不致受压力破碎，村里制定出规约，禁止机动车辆上街，以延长街面寿命，使其平整无损。

明正德年间
一为条堨，又名“桥堨”，由西溪南吴姓支会开筑；一为陇堨，明正德年间开堨

清同治年间
两堨合筑一堨，始称“条垅堨”

1952年
与昌堨、雷堨合并，联合建三合坝

1953年
发生洪水，堨坝全毁。同年冬，仍修原桩石坝，投资 3.69 亿元（旧币）

1991年
特大洪水，原桩石坝被冲毁，同年冬共投资 25.9 万元（其中国家补助 21.8 万元，自筹 4 万元），改建为混凝土埋块石溢流重力坝

2006年
国家农业综合开发，田间排水渠向下挖，排水渠硬化

2012年
西溪南镇西溪南村实施丰南片条陇堨渠道维修工程

* 1亩≈666.7m^2。

雷堨

位于西溪南村境内丰乐河上（枫杨林处），始建于南宋祥兴年间（1278—1279年）。咸丰末淤废，同治三年（1864年）程永和倡修，同治五年（1866年）竣工。雷堨自十六都达十九都，由西溪南村木桥头引丰乐河水入口，经双石桥穿村心而下，循下村口、三坪桥至上富桥，支分四渠，为洋冲、合垄、斗碓、十亩，迂回10里，直达上下临河村，在澄潭山麓仍流回丰乐河，溉田1700多亩。1996年6月30日被洪水冲毁，后重修，现为混凝土埋块石溢流重力坝，坝长148m，高2.6m，底宽3m。雷堨引水渠渠首建有排洪闸1座和灌排两用的浆砌块石溢流堰127m，渠道设计流量0.2m^3/s，兼顾生活、灌溉、景观、防火等功能，引水渠全长近7000m，灌溉2200余亩。雷堨水系建设全面秉承了都江堰“乘势利导、因时制宜”的治水原则，故又被誉为“江南小都江堰”，已被列为市级文物保护单位。

雷堨

1952年

雷堨并入三合坝，水毁后仍在原址修复桩石坝

1965—1968年

结合清沟灭螺工作，渠道改弯取直，对全线渠道进行整修

1967年

是年冬投资5.25万元（其中自筹4.4万元，国家补助0.85万元），将桩石坝整修一新，改旱地为水田795亩，现灌溉面积达到2205亩

1987年冬

将渠首木桩护堤改建成灌排两用的浆砌块石溢流堰67m

1988年冬

又续建60m，并建排洪闸1座，两次共投资14.13万元（其中群众自筹3万元），共完成土石方3000余立方米

1996年6月30日

洪水将拦河大坝全部冲毁。由黄山市水利工程处承包兴建，将原桩石埂壳坝改造为100号混凝土埋块石溢流重力坝，1997年1月13日动工，同年3月4日完工，投资47.5万元，完成土石方3765m^3，混凝土210m^3，建成后坝长148m，高2.6m

1998年

大坝南岸被洪水冲毁10余米

1999年

是年冬进行恢复并改建渠首进口节制闸与防洪墙，投资41.9万元，完成土石方3982m^3

2002年6月20日、6月28日

二次洪水，沿河总干渠被冲毁而无法通水，造成农田无法灌溉、群众日常用水无着落的局面，当年冬，水利局投资9万余元予以恢复，完成浆砌块石350m^3，土方1450m^3

2020年4月

为全面恢复雷堨历史风貌，徽州区投资420万元，恢复建成坝长148m、高2.6m、底宽12m的雷堨主坝，并修复左右岸和附坝80m。提高了项目区的防洪和供水能力，防洪标准达到20年一遇，2200亩农田灌溉用水有了保障，还提升了西溪南古村落生活、景观、防火等功能

主要水利设施演变

吕堨

位于西溪南镇上溪头村境内丰乐河上，始建于梁武帝大通元年（527年），距今约1500年。现为混凝土埋块石溢流重力坝，现坝长120m，高1.2m，最大坝高4.56m，底宽4.5m。有总干渠一条，长1.2km，渠首引水平均流量为1m^3/s，水量充沛期为1.5m^3/s；南、北干渠各一条，长共10km；有支渠9条，长共8km；斗渠138条，长共20km。溉田6750余亩（歙县占40%）。随着城市建设的不断扩张与经济开发区的建立，灌区面积相应减少。

明成化二十一年（1485年）至清康熙五十九年（1720年）

期间屡次淤塞，屡次疏浚，地方官民付出了大量心血、劳力和资金。屡次修葺，溉田5000亩左右

民国年间

堨坝又被水毁，却无力修复。民众用竹篓装河卵石，堆砌竹笼坝拦流溉田，因渗漏严重，灌溉面积锐减至3600亩，半月不雨就出现旱情，产量极低，且一年数毁，工费又多

1951年10月

将竹笼坝改建为木桩石坝。同时疏浚老渠，延伸支渠5km，建涵洞15处，灌溉面积增至5730亩，抗灾能力也由15天不雨受旱，提高到60天不雨不受旱，平均亩产由150～250kg提高到350kg

1954年

洪水毁坝，当年修复

1959年

结合防治血吸虫病的清沟灭螺工作，填平了一部分老沟，开挖了部分新沟，渠道改弯取直，水流畅通

1961年

投资3万余元，大修一次

1964年

增建100余米防洪堤，使岩寺上街水碓头270亩低洼易渍水田（俗称“湖田”）成为旱涝保收田

1967年

结合防治血吸虫病的清沟灭螺工作，重新规划灌区的渠系和建筑物的布局。投工8万余人，完成土石方14.8万m^3。新开挖干、支、斗渠135条，全长75km，建渠系建筑物454座

1969年7月5日

特大洪水，冲毁大坝五六十米，当年修复

1971年

实灌溉面积达到7500亩。1973年增建防洪墙一垛，长100余米，并建渠首节制闸，有效控制了洪水漫渠而过，确保下游渠系建筑物的安全

1995年5月20日

原桩石坝被洪水冲毁。同年，调用11300只编织袋砌筑围堰百余米，满足临时抗旱用水需求，同时制定重建计划，每亩集资40元，不足部分国家给予补助，10月20日开工，次年2月4日完工，共投资35.55万元（其中国家投资20万元），完成土石方5496m^3，新建成长115m的100号混凝土埋块石溢流重力坝

2002年

5·14洪水冲毁大坝30余米，水电局投资11.63万元予以修复

塘

徽州利用山塘灌溉农田的历史悠久，宋时歙县塘有1207处，清代塘税有一百四十五顷二十亩七分七毫。2006年底，徽州区山塘达到4420口，蓄水量265万m^3，灌溉面积8835亩。民国《歙县志》收录的古塘中，比较确定的有詹塘、琶塘、竦塘（在石桥，原溉田260亩，同治四年按亩派工重浚，民国年间复淤塞）、谷山塘（在谷山村口，溉田200余亩）、户塘（在过塘坞，溉田30亩）、朗塘（在埸田，溉田60亩）、菱角塘（在潟田，溉田20余亩）、武塘（在余家山，溉田50亩）等。

目前水塘退化十分严重，据政府官员介绍，可能1/3的塘已经消失。

吕堨

西溪南村 · 十二楼园塘

西溪南村 · 渔翁塘

石桥村 · 深塘

西溪南村

西溪南村有过詹塘、渔翁塘、十二楼园塘、果园塘4个塘。詹塘，在西溪南村，广40余亩。查民国《歙县志》，在十六都詹塘村，原溉田500亩，后淤塞，乾隆年间丰南吴绍基捐千缗挑浚，民国间复淤塞，仅溉田30余亩。渔翁塘，在西溪南村中，方形。塘边有老屋阁和绿绕亭。十二楼园塘，西溪南村前街十二楼园内，方形，旧有楼，取唐人诗意，名十二楼。今塘尚存，岸立假山1座，沿塘边多散落假山石，塘南短墙外即公路。果园塘，在西溪南村果园内，有大、小池，今园已废，而塘尚存，塘边遍布块石。

石桥村

石桥村现存塘数量较少，村内有一口深塘，还有一口鱼塘。深塘建于20世纪70年代，由于年久失修，淤积严重，往往闲时水常流，用时没有水。2014年，作为徽州区实施的最大的八小水利工程，面积13亩，总投资30万元，竣工后，可满足下游200亩农田水利灌溉需求。

1969年 水系分布

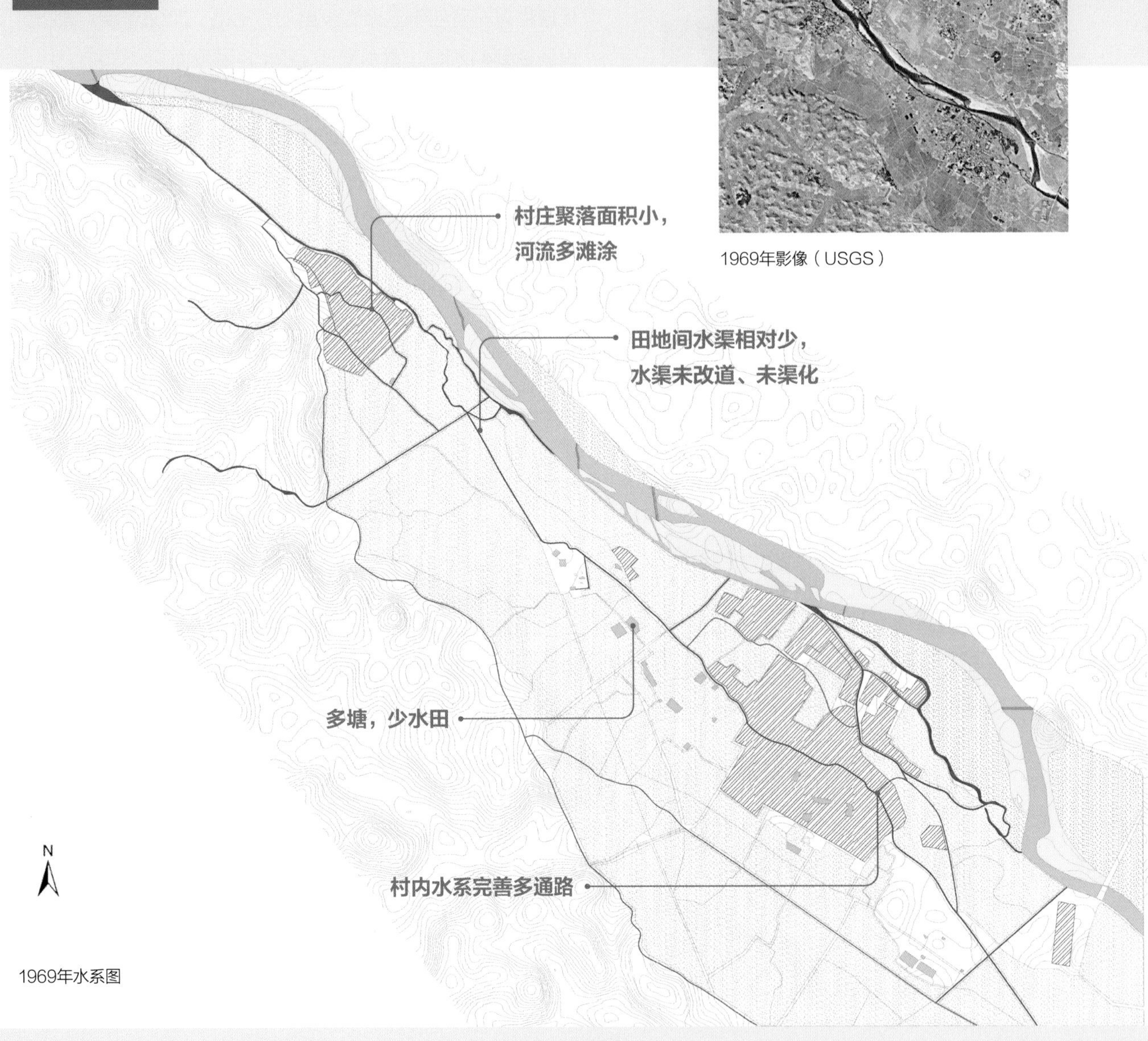
村庄聚落面积小，
河流多滩涂
田地间水渠相对少，
水渠未改道、未渠化
多塘，少水田
村内水系完善多通路
N

1969年影像（USGS）

1969年水系图

2020年
水系分布

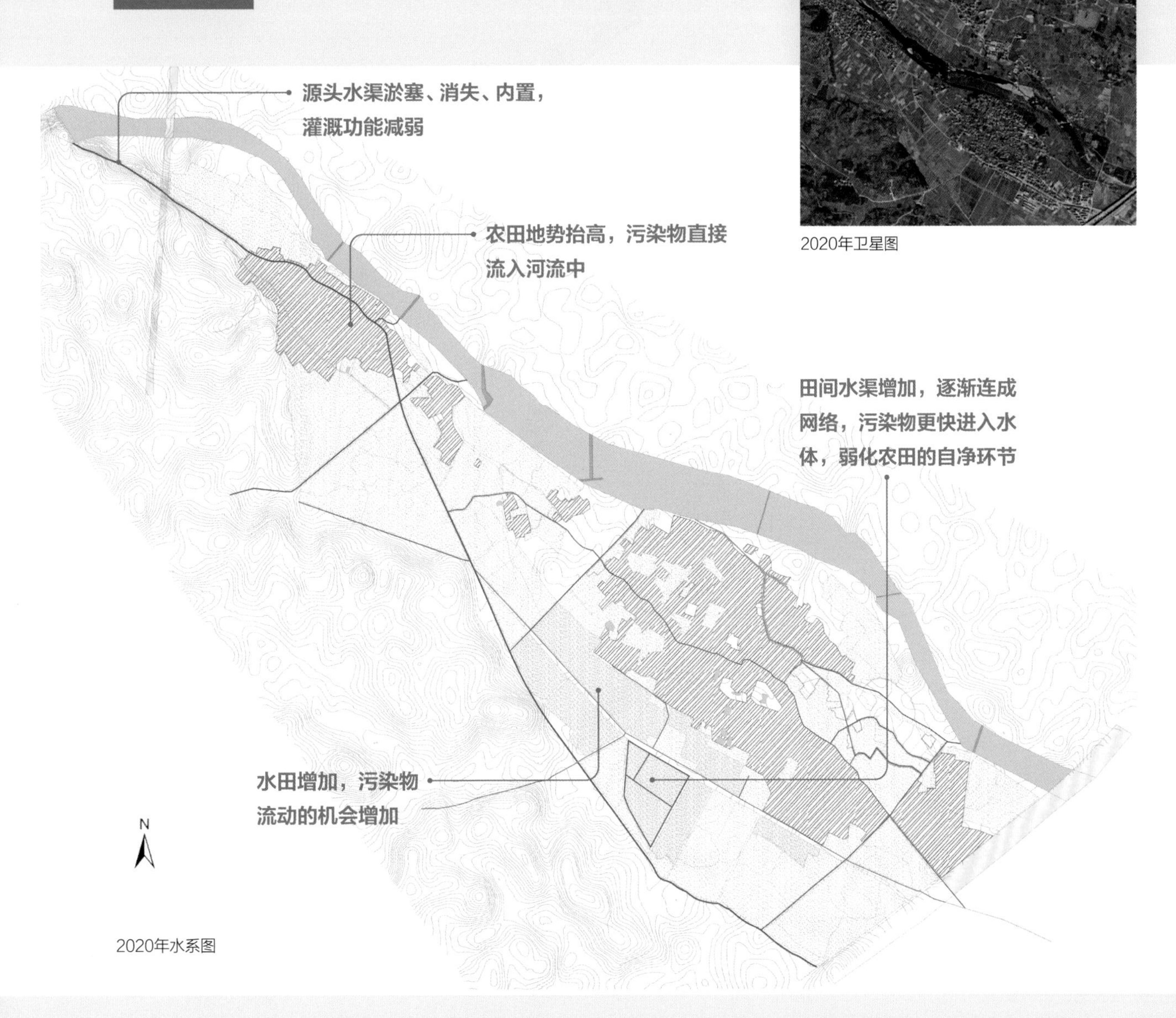
源头水渠淤塞、消失、内置，
灌溉功能减弱
农田地势抬高，污染物直接
流入河流中
田间水渠增加，逐渐连成
网络，污染物更快进入水
体，弱化农田的自净环节
水田增加，污染物
流动的机会增加
N

2020年卫星图

2020年水系图

1969—2020年水系演变

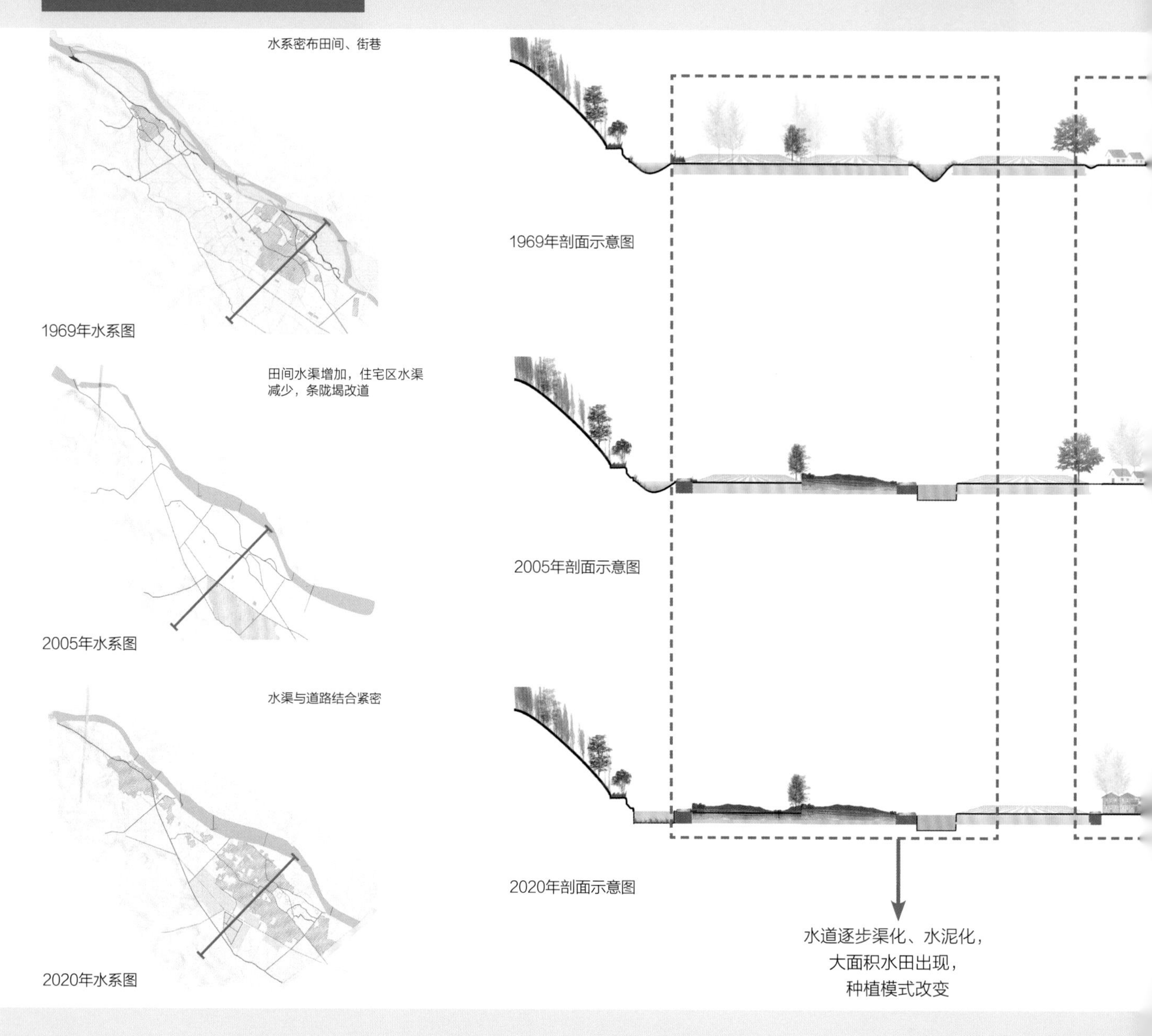
水系密布田间、街巷
1969年水系图
1969年剖面示意图
田间水渠增加，住宅区水渠减少，条陇堨改道
2005年水系图
2005年剖面示意图
水渠与道路结合紧密
2020年水系图
2020年剖面示意图
水道逐步渠化、水泥化，
大面积水田出现，
种植模式改变

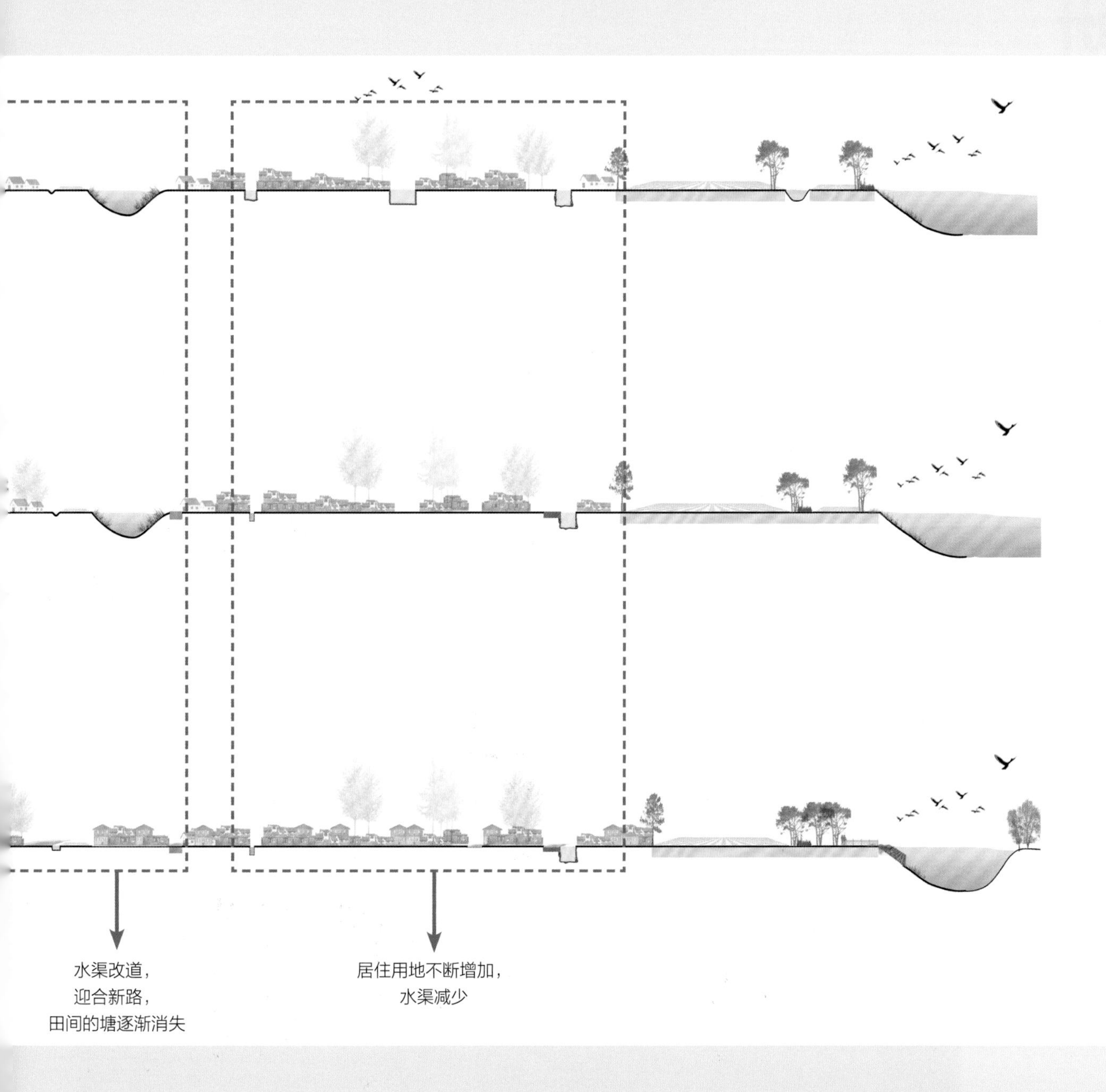
水渠改道，
迎合新路，
田间的塘逐渐消失
居住用地不断增加，
水渠减少

研究问题

Research Questions

1 场地水生态系统的问题是什么？有什么主要特征？

2 造成场地水生态系统问题的深层次原因是什么？给当地水生态系统造成了什么样的影响？

3 如何实现工业化进程下徽州平原农业生产与水安全问题之间的平衡与绩效最大化？

机制寻踪

过程

流域尺度与集水区尺度分析

- 研究框架
- 研究流程
- 流域尺度
- 集水区尺度

研究框架

Research Framework

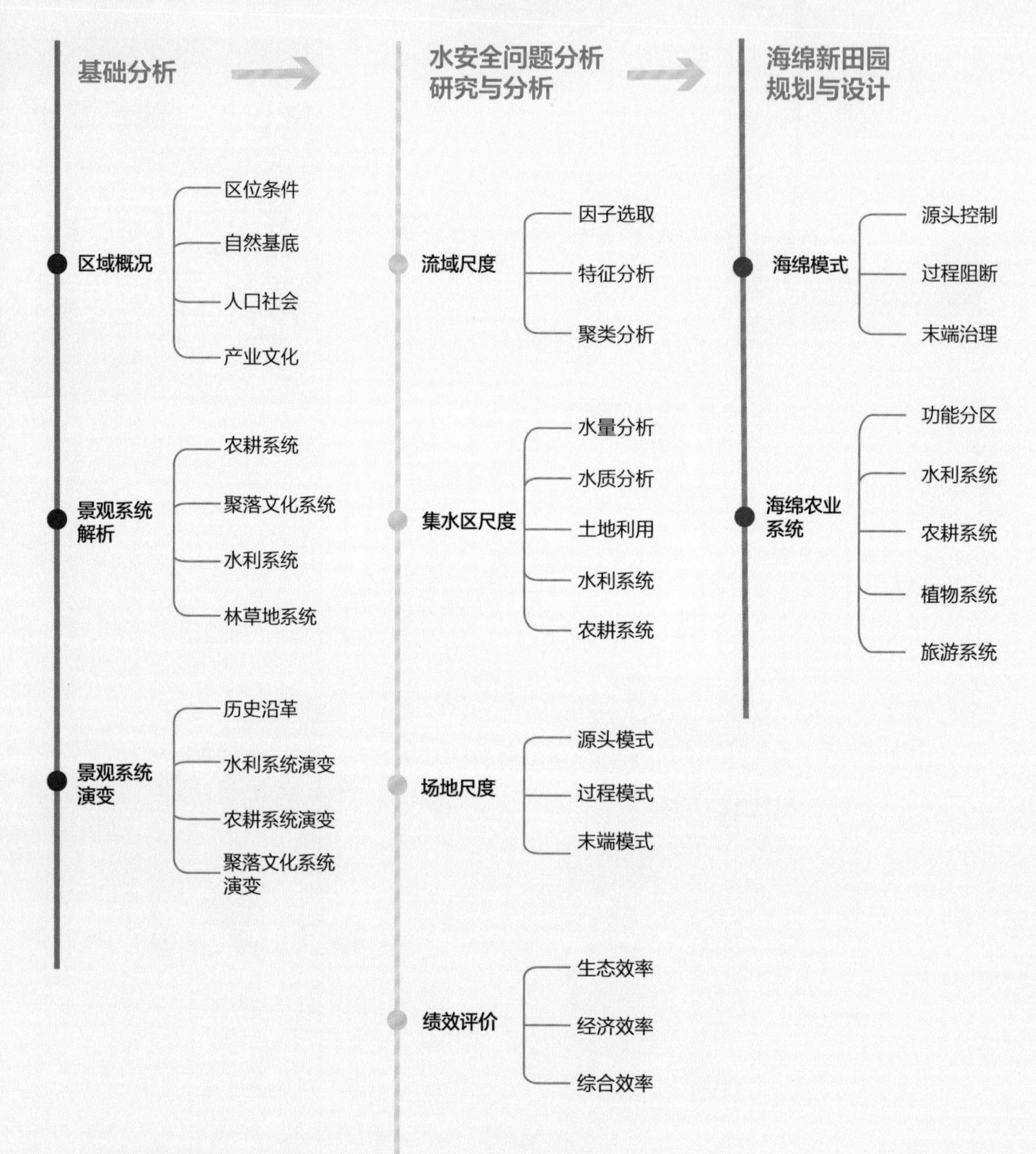

基础分析
区域概况
区位条件
自然基底
人口社会
产业文化
景观系统解析
农耕系统
聚落文化系统
水利系统
林草地系统
景观系统演变
历史沿革
水利系统演变
农耕系统演变
聚落文化系统演变
水安全问题分析研究与分析
流域尺度
因子选取
特征分析
聚类分析
集水区尺度
水量分析
水质分析
土地利用
水利系统
农耕系统
场地尺度
源头模式
过程模式
末端模式
绩效评价
生态效率
经济效率
综合效率
海绵新田园规划与设计
海绵模式
源头控制
过程阻断
末端治理
海绵农业系统
功能分区
水利系统
农耕系统
植物系统
旅游系统

研究流程 Research Process

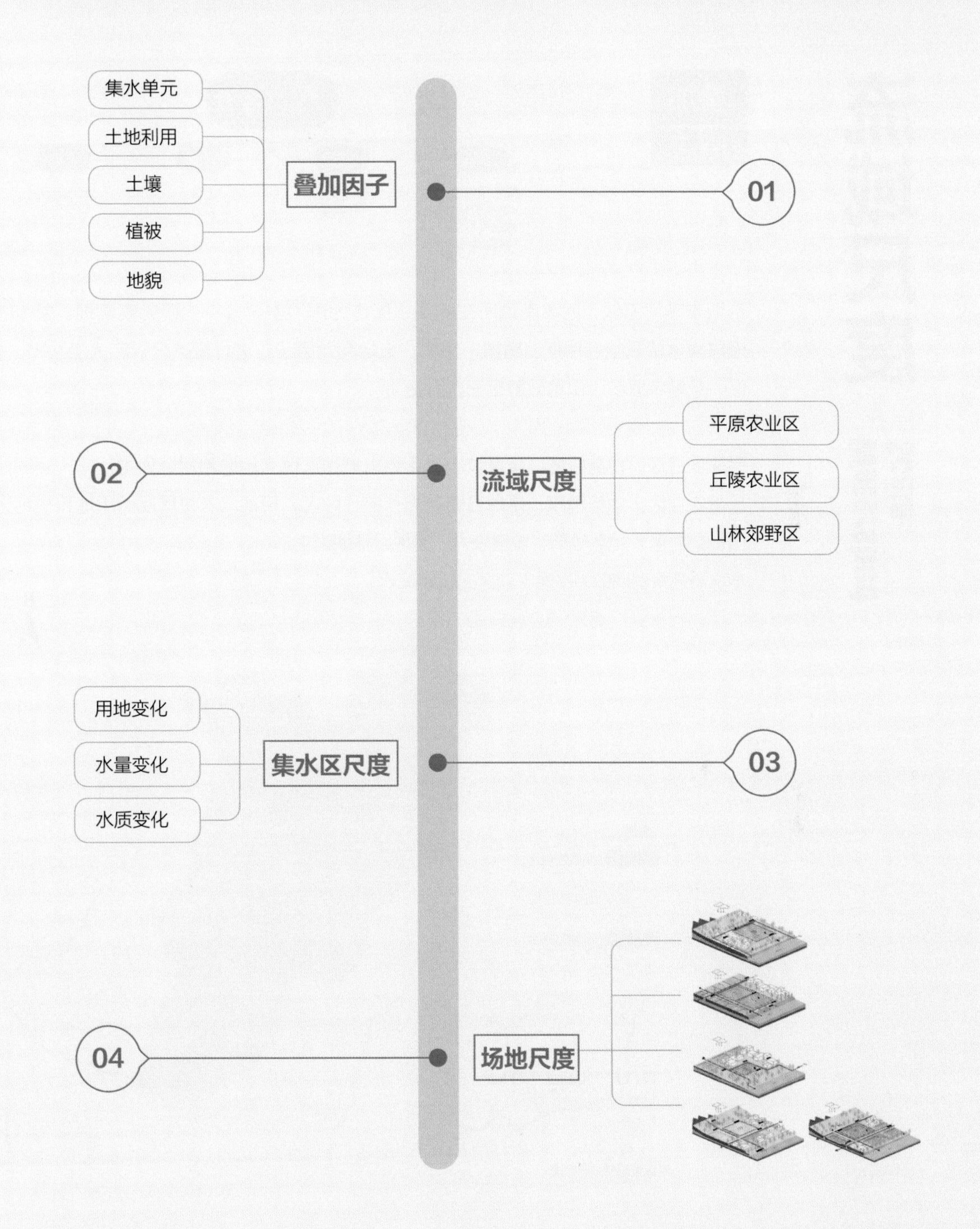

集水单元
土地利用
土壤
植被
地貌
叠加因子
01
02
流域尺度
平原农业区
丘陵农业区
山林郊野区
用地变化
水量变化
水质变化
集水区尺度
03
04
场地尺度

流域尺度 Watershed Scale

叠加因子

集水单元划分
叠加因子
地形
植被
土壤
土地
高程平均值
高程变化
坡度平均值
坡度变化
植被覆盖
平均值
土壤
类型分布
土地利用
类型分布

选取丰乐河流域，西溪南镇所在的集水区作为雨洪安全分析的研究案例地，共141个集水单元；通过集水单元结合地形、植被、土壤、土地利用因子，进行聚类分析和人工决策，得到平原农业区、丘陵农业区、山地郊野区三类分区。

平原农业区：地势较低，坡度较小，用地以城镇居民点用地和耕地为主。
丘陵农业区：地势稍高，是地势略有起伏的丘陵区，用地以农村居民点用地和耕地为主。
山地郊野区：地势较高，坡度较大，用地以林地为主。
本次研究案例地即为平原农业区的代表案例。

流域景观特征分区图

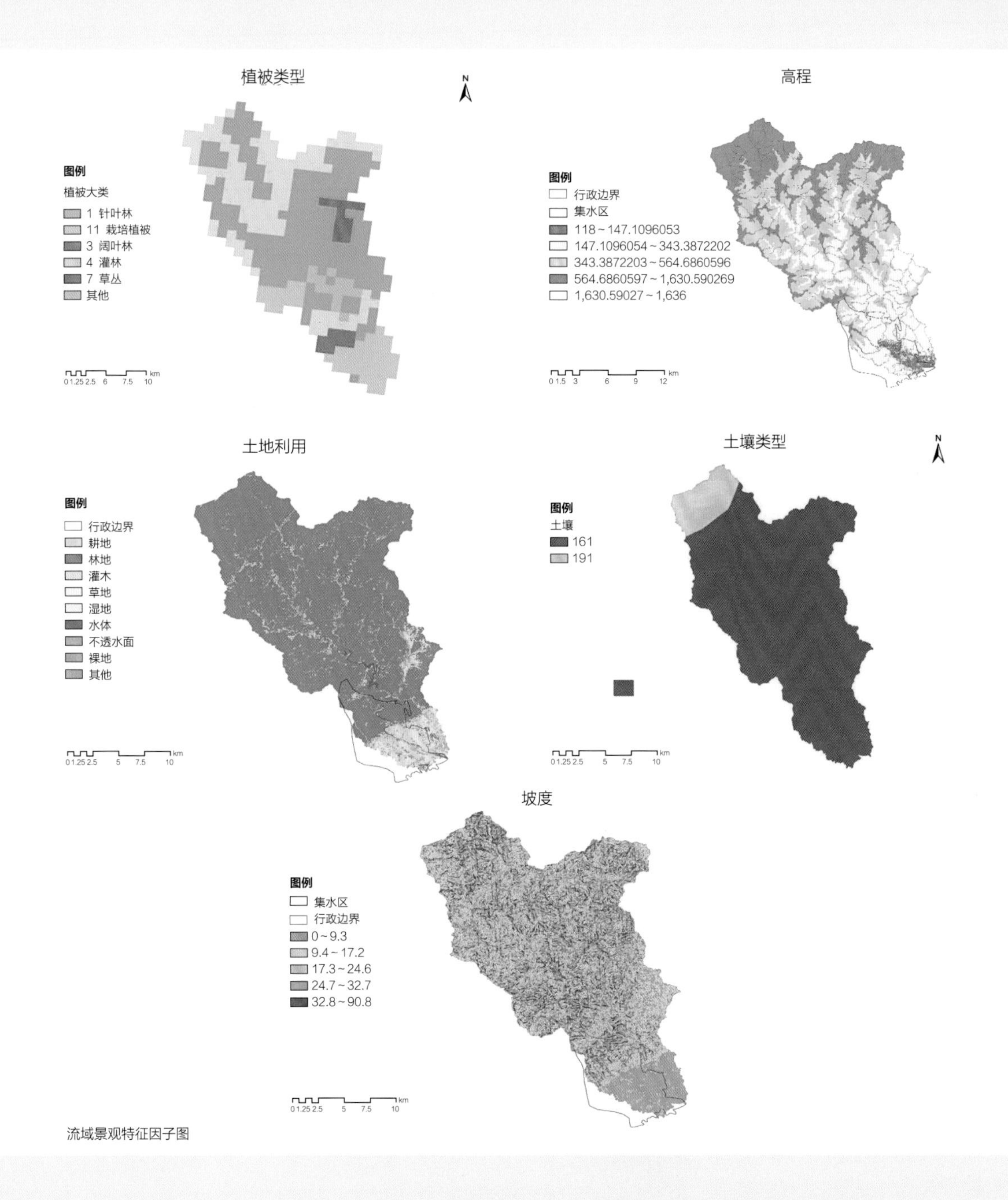
植被类型
N
图例
植被大类
1 针叶林
11 栽培植被
3 阔叶林
4 灌林
7 草丛
其他
0 1.25 2.5 6 7.5 10 km
高程
图例
行政边界
集水区
118 ~ 147.1096053
147.1096054 ~ 343.3872202
343.3872203 ~ 564.6860596
564.6860597 ~ 1,630.590269
1,630.59027 ~ 1,636
0 1.5 3 6 9 12 km
土地利用
图例
行政边界
耕地
林地
灌木
草地
湿地
水体
不透水面
裸地
其他
0 1.25 2.5 5 7.5 10 km
土壤类型
N
图例
土壤
161
191
0 1.25 2.5 5 7.5 10 km
坡度
图例
集水区
行政边界
0 ~ 9.3
9.4 ~ 17.2
17.3 ~ 24.6
24.7 ~ 32.7
32.8 ~ 90.8
0 1.25 2.5 5 7.5 10 km

流域景观特征因子图

雨洪安全

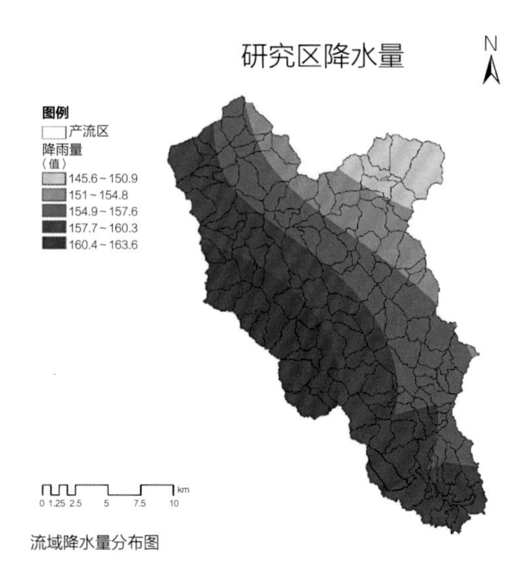

研究区降水量
N
图例
产流区
降雨量
（值）
145.6 ~ 150.9
151 ~ 154.8
154.9 ~ 157.6
157.7 ~ 160.3
160.4 ~ 163.6
0 1.25 2.5 5 7.5 10
km

流域降水量分布图

$$Q_{\text{surf}}=\frac{(R_{\text{day}}-I_{\text{a}})^2}{S+R_{\text{day}}-I_{\text{a}}}$$

$$I_{\text{a}}=0.2S$$

$$S=\left(\frac{25400}{CN}\right)-254$$

式中：Q_{surf}——地表产流量

R_{day}——降雨量

I_{a}——初损

S——储流参数

CN——汇流参数

通过径流曲线法（SCS模型）对场地进行暴雨淹没分析，其中I_{a}和S参考美国农业部土壤保持局和中国修订版的径流曲线进行计算。

近 50 年雨站 24h 暴雨均值（举例）

站名	24h 暴雨均值 /mm				
	年限	最大	最小	差值	平均
屯溪	10	143.2	102.7	40.5	122.95
	20	131	116.6	14.4	123.8
	30	132	114.2	17.8	123.1
	40	128.6	116.8	11.8	122.7
	50	125.4	120.1	5.3	122.75
	48	126.5			

不同地类产汇流参数参考值

地类	CN
水田	100
旱地	80
园地	70
乔木林	57
灌木林	81
草地	79
不透水表面	95
海绵体	60
铁路	80
水体	100
裸地	88

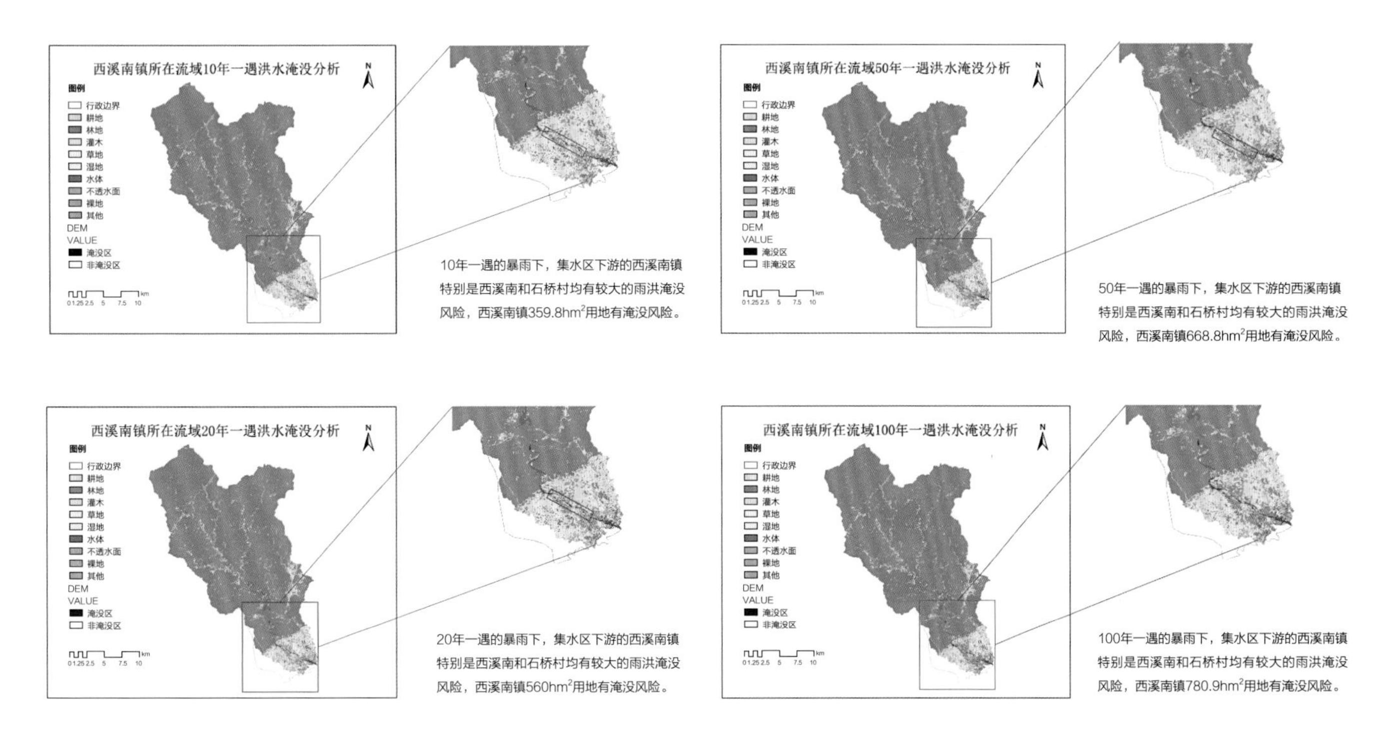
西溪南镇所在流域10年一遇洪水淹没分析
图例
行政边界
耕地
林地
灌木
草地
湿地
水体
不透水面
裸地
其他
DEM
VALUE
淹没区
非淹没区
10年一遇的暴雨下，集水区下游的西溪南镇特别是西溪南和石桥村均有较大的雨洪淹没风险，西溪南镇359.8hm²用地有淹没风险。
西溪南镇所在流域50年一遇洪水淹没分析
50年一遇的暴雨下，集水区下游的西溪南镇特别是西溪南和石桥村均有较大的雨洪淹没风险，西溪南镇668.8hm²用地有淹没风险。
西溪南镇所在流域20年一遇洪水淹没分析
20年一遇的暴雨下，集水区下游的西溪南镇特别是西溪南和石桥村均有较大的雨洪淹没风险，西溪南镇560hm²用地有淹没风险。
西溪南镇所在流域100年一遇洪水淹没分析
100年一遇的暴雨下，集水区下游的西溪南镇特别是西溪南和石桥村均有较大的雨洪淹没风险，西溪南镇780.9hm²用地有淹没风险。

场地雨洪淹没分析图

水体污染

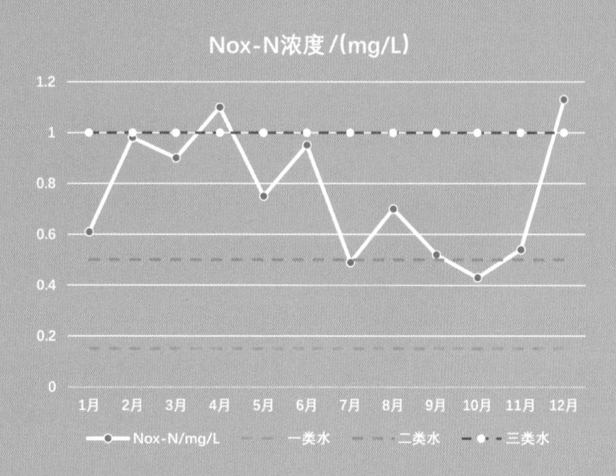
Nox-N浓度/(mg/L)
1.2
1
0.8
0.6
0.4
0.2
0
1月 2月 3月 4月 5月 6月 7月 8月 9月 10月 11月 12月
Nox-N/mg/L
一类水
二类水
三类水

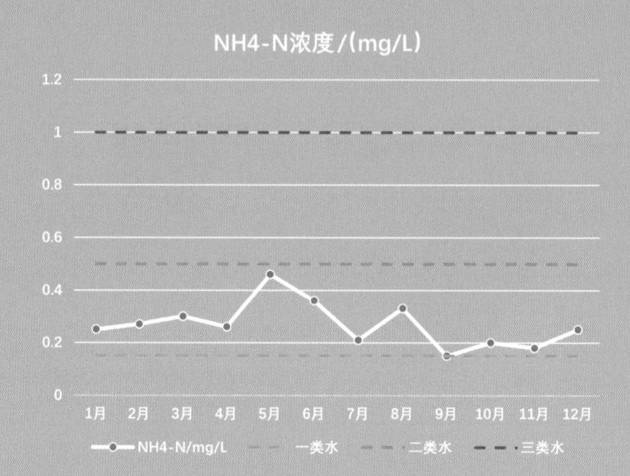
NH4-N浓度/(mg/L)
1.2
1
0.8
0.6
0.4
0.2
0
1月 2月 3月 4月 5月 6月 7月 8月 9月 10月 11月 12月
NH4-N/mg/L
一类水
二类水
三类水

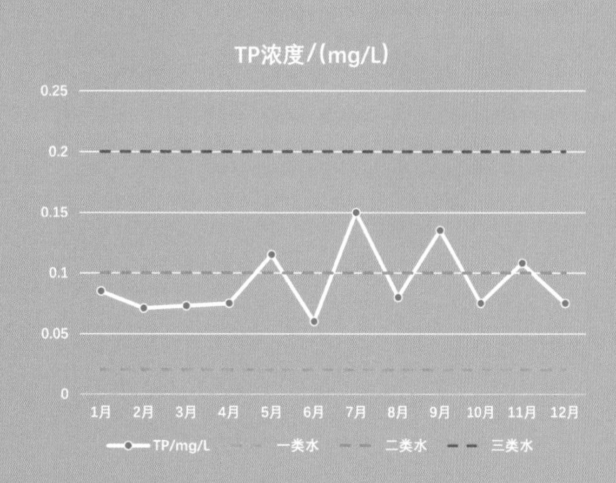
TP浓度/(mg/L)
0.25
0.2
0.15
0.1
0.05
0
1月 2月 3月 4月 5月 6月 7月 8月 9月 10月 11月 12月
TP/mg/L
一类水
二类水
三类水

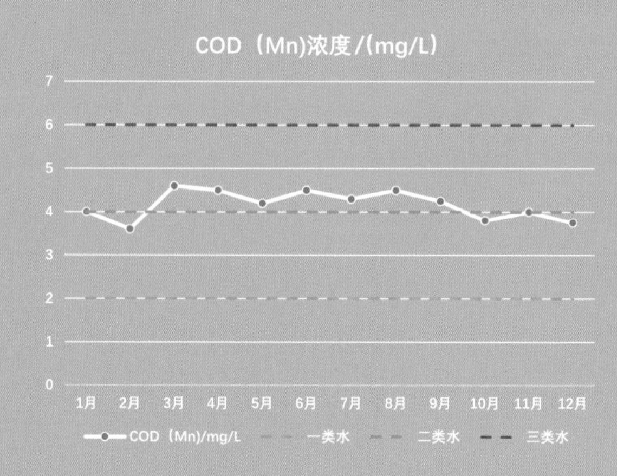
COD（Mn)浓度/(mg/L)
7
6
5
4
3
2
1
0
1月 2月 3月 4月 5月 6月 7月 8月 9月 10月 11月 12月
COD（Mn)/mg/L
一类水
二类水
三类水

丰乐河污染状况图

丰乐河水质状况一般，水体处于地表水标准 Ⅲ类水水平上下。其中 ，COD(Mn)和硝态氮污染严峻，常年为Ⅲ类水标准，总磷偶有Ⅲ类水标准，硝态氮偶有超Ⅲ类水标准，主要集中在夏季。

丰乐河分月径流量以及污染物排放量

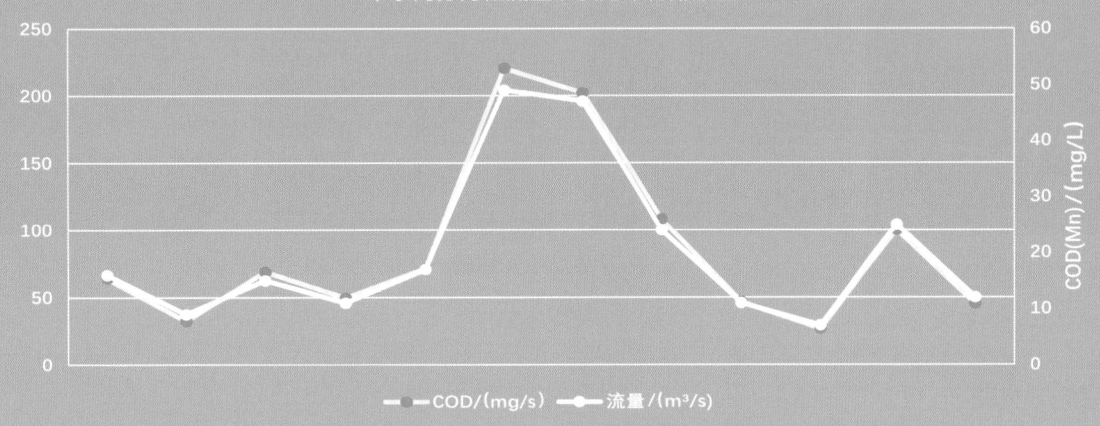
250
200
150
100
50
0
60
50
40
30
20
10
0
COD(Mn)/(mg/L)
COD/(mg/s)
流量/(m³/s)

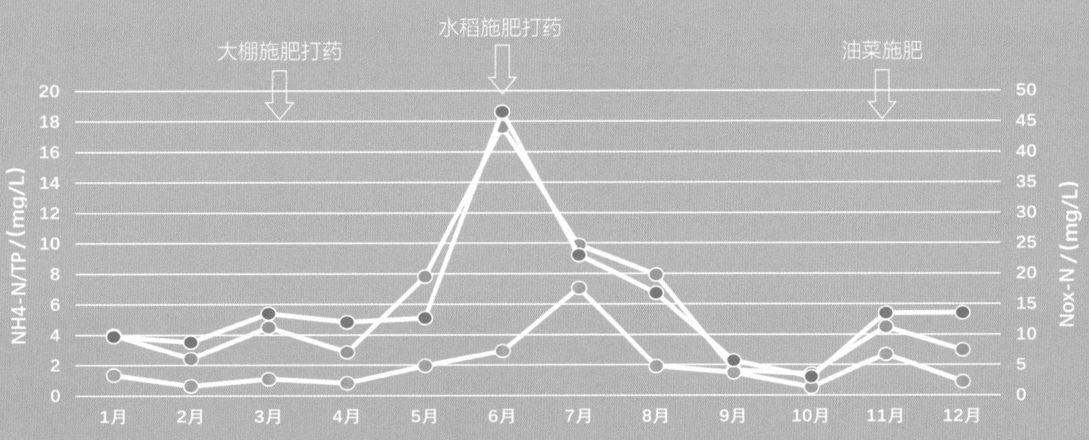
大棚施肥打药
水稻施肥打药
油菜施肥
NH4-N/TP/(mg/L)
Nox-N/(mg/L)
20
18
16
14
12
10
8
6
4
2
0
50
45
40
35
30
25
20
15
10
5
0
1月
2月
3月
4月
5月
6月
7月
8月
9月
10月
11月
12月

丰乐河污染状况图

降雨径流是氮、磷输出主要动力因素，水渠会进一步加剧水体的污染物输送。丰乐河水质受农业面源污染影响；同期，雨肥导致丰乐河的水体污染十分严重。

草铵膦

生活污染来源

生产污染来源

生活方式转变

建设用地迅速扩张，人口数量迅速增加，特别是生态移民带来了大量人口。此外，现代化的生活方式也对当地水体造成了严重威胁，极大加剧了当地的水体污染。

生产方式转变

为了提高农产品的产量和品质，生产规模扩大，化肥、农药、杀虫剂、除草剂使用增加，新的生产方式给农田造成了新的污染。

新治理尝试代替传统水利设施

当地修建新水渠、挖排水口、增设污水管、新建污水处理站，同时新建设湿地、农业面源污染氮磷生态拦截项目、防洪治理民生工程，但效果有待考量。

当地污染治理措施

总结

传统水利与新田园的关系失衡

生产生活方式转变：乡村的人口迅速增长、用地迅速扩张、生产方式转变，逐渐走向新田园。

传统水利设施荒废：随着生产方式转变，乡村居民开始追求新型机械化水利设施，传统的水利设施逐渐荒废。

雨洪安全问题凸显：场地面临严重的雨洪安全问题，近年来尤为严峻。

水体污染问题严峻：场地面临着严重的水体污染问题，雨肥同期带来的农田面源污染尤为严重。

集水区尺度

Catchment Scale

土地利用变化

图例

- 边界
- 沟渠
- 林地
- 建设用地
- 坑塘水面
- 河流水面
- 耕地底图

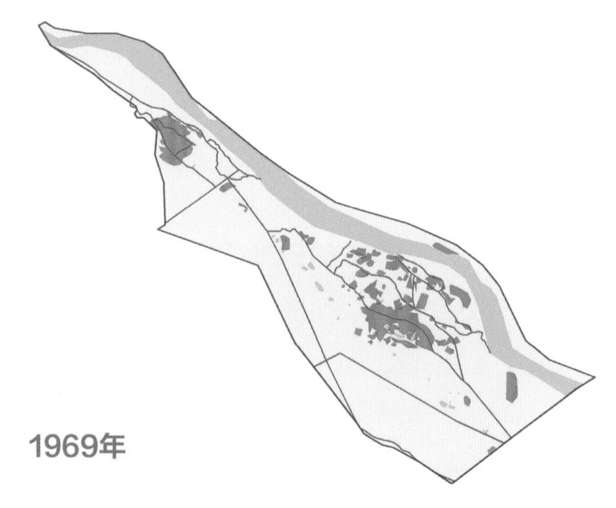
1969年

注：土地利用基于卫星影像，通过目视解译方法绘制。其中，1969 年卫星影像来源于美国“锁眼”间谍侦察卫星，2005 年卫星影像来源于 Landsat4 卫星数字产品，2021 年卫星影像来源于 Google 地球。

研究区域包括了西溪南集镇与石桥村部分区域，面积约288hm^2。过去的50余年，区域内的土地利用方式一直在发生变化。村界进一步扩张，硬质地面进一步扩张。西溪南集镇发展迅速，整体向东南发展，新建多处功能性建筑。在未来的规划中，进一步建设西溪南创意小镇，新增更多建筑面积。

年份	建设用地 /hm^2	耕地 /hm^2
2020	67.735	144.101
2005	54.730	167.468
1969	18.456	208.182

废弃的渠道

建设中的城市

2005年

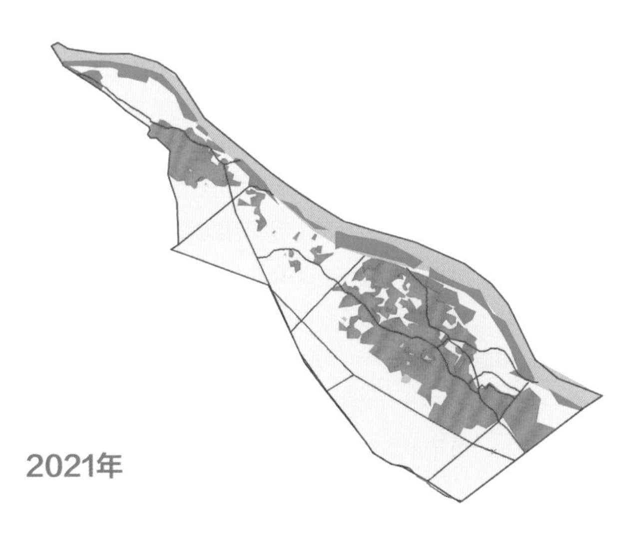

2021年

林地 /hm^2	坑塘水面 /hm^2	河流水面 /hm^2	沟渠长度 /km
24.491	0.526	43.677	12.682
21.762	0.624	35.948	11.610
7.502	1.077	45.316	12.698

被侵占的农田

生态良好的枫树林

土地利用变化主要发展规律

- 建设面积不断增加。1969—2005年，西溪南与石桥均得到建设发展；2005年后，主要是西溪南集镇有所发展。石桥村主要建成区面积变化不大。
- 耕地面积减少加剧。特别是近年来，多转化为建设用地。
- 林地面积增加。尤其是1969—2005年，近年来趋于稳定。
- 坑塘减少。总体上坑塘面积较少，近年来进一步减少。
- 河流水面先减少后增加。
- 渠道长度总体上变化不大（有消失，有新增）。特别是近年来进行农村环境整治和农业开发，每年基本都会疏浚渠道。

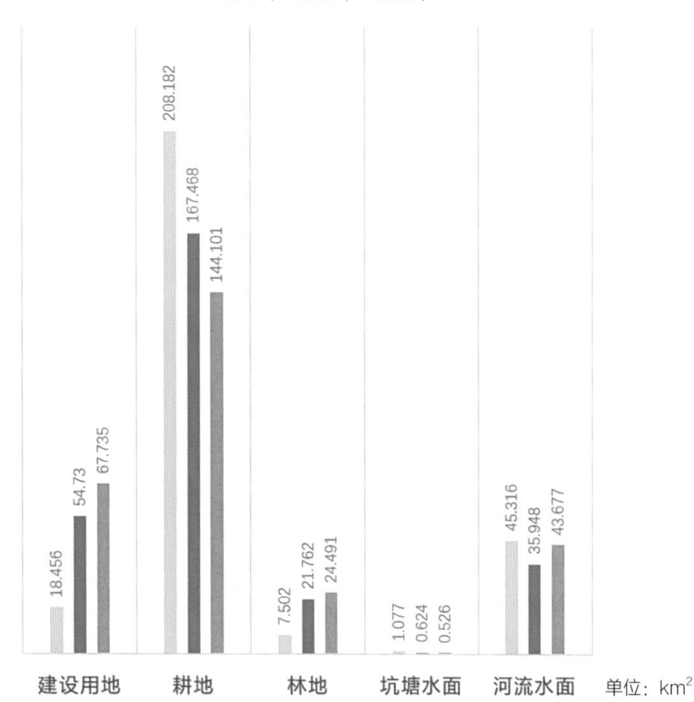

用地面积变化
1969年
2005年
2020年
18.456
54.73
67.735
208.182
167.468
144.101
7.502
21.762
24.491
1.077
0.624
0.526
45.316
35.948
43.677
建设用地
耕地
林地
坑塘水面
河流水面
单位：km2

城镇进一步扩张

水量变化

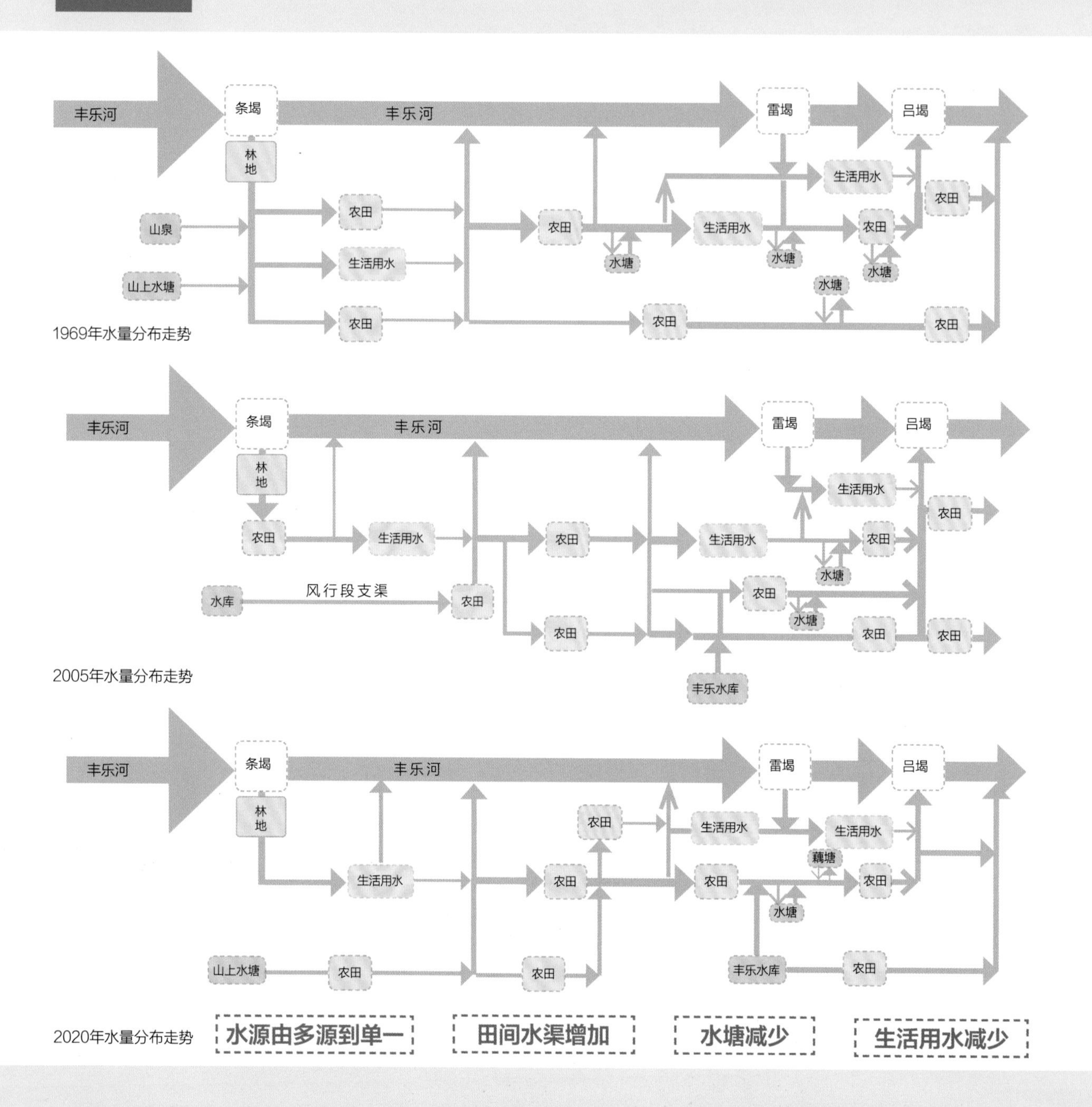
丰乐河
条堨
丰乐河
雷堨
吕堨
林地
山泉
山上水塘
农田
生活用水
水塘
1969年水量分布走势
丰乐河
条堨
丰乐河
雷堨
吕堨
林地
农田
生活用水
水库
风行段支渠
水塘
丰乐水库
2005年水量分布走势
丰乐河
条堨
丰乐河
雷堨
吕堨
林地
生活用水
农田
藕塘
水塘
山上水塘
丰乐水库
2020年水量分布走势
水源由多源到单一
田间水渠增加
水塘减少
生活用水减少

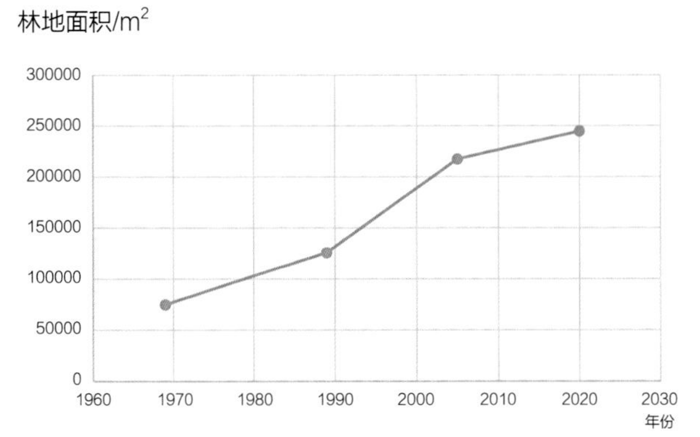
林地面积/m2
300000
250000
200000
150000
100000
50000
0
1960
1970
1980
1990
2000
2010
2020
2030
年份
林地面积变化统计图

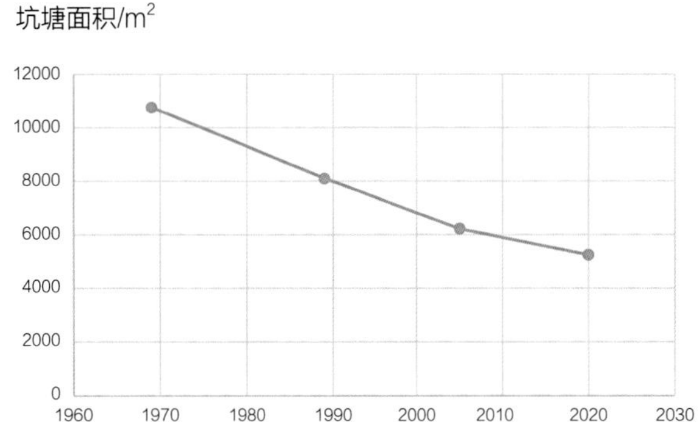
坑塘面积/m2
12000
10000
8000
6000
4000
2000
0
1960
1970
1980
1990
2000
2010
2020
2030
年份
坑塘面积变化统计图

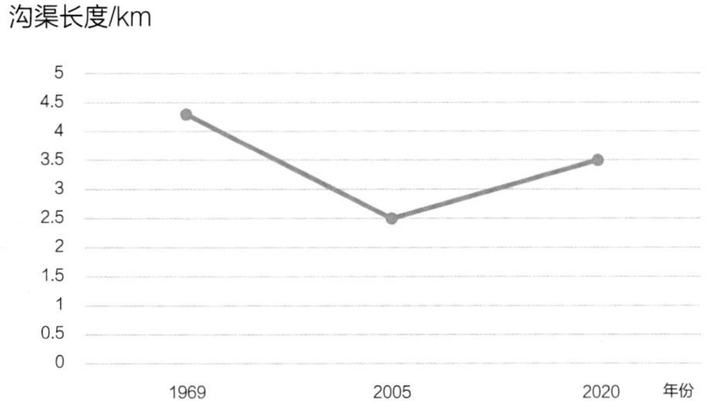
沟渠长度/km
5
4.5
4
3.5
3
2.5
2
1.5
1
0.5
0
1969
2005
2020
年份
沟渠长度变化统计图

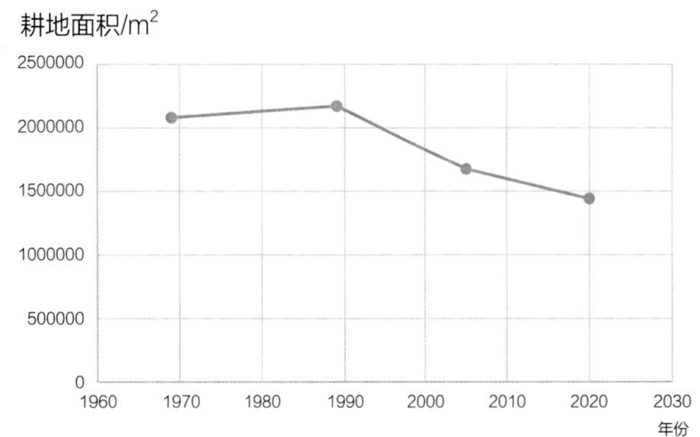
耕地面积/m2
2500000
2000000
1500000
1000000
500000
0
1960
1970
1980
1990
2000
2010
2020
2030
年份
耕地面积变化统计图

结论:

- 林地增多，山林汇水增加，坑塘减少，田间水渠增加，山林汇水也就更快排入丰乐河。
- 耕地减少，农业灌溉用水减少。

水体污染
过程图
污染随管道直排
污染物随土壤扩散
降雨径流是氮、磷输出主要动力因素，径流对污染物输送有重要影响，丰乐河水质受农业面源污染影响；雨肥同期导致丰乐河的水体污染十分严重。
过去，自然沟渠、底泥有助于污染物的富集和净化
避免水草死亡形成二次污染。塌塘雨洪治理减缓底
扰动，减少二次污染。
污染末端
污染过程

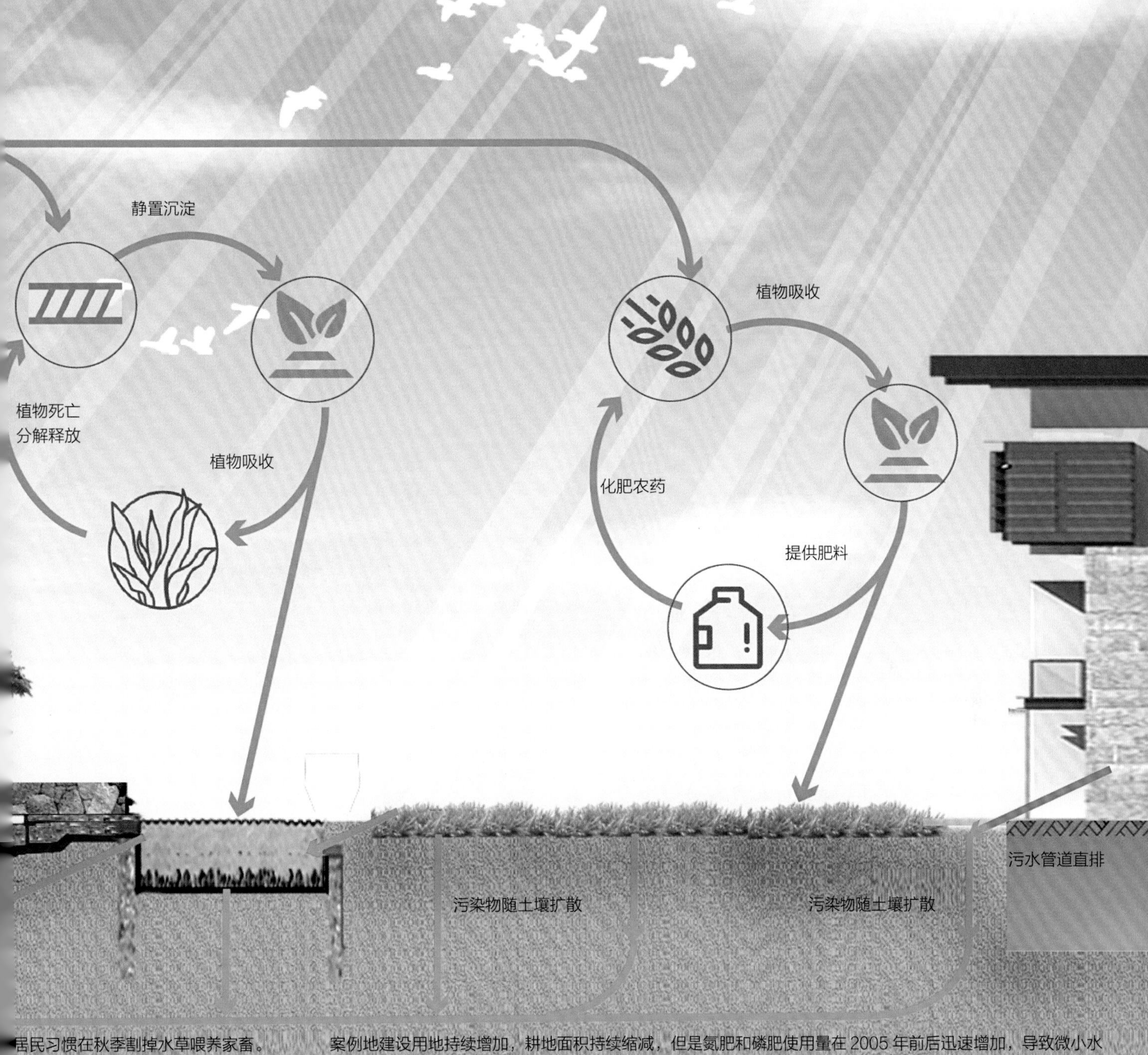
静置沉淀
植物死亡
分解释放
植物吸收
植物吸收
化肥农药
提供肥料
污水管道直排
污染物随土壤扩散
污染物随土壤扩散

居民习惯在秋季割掉水草喂养家畜。

案例地建设用地持续增加，耕地面积持续缩减，但是氮肥和磷肥使用量在 2005 年前后迅速增加，导致微小水体水质迅速恶化，近年来，随着施肥量得到合理控制，水体水质逐渐向好。

污染源头

水质
情况

当地处于传统水利设施与传统小农经济的生产生活发展阶段，水质情况较好。

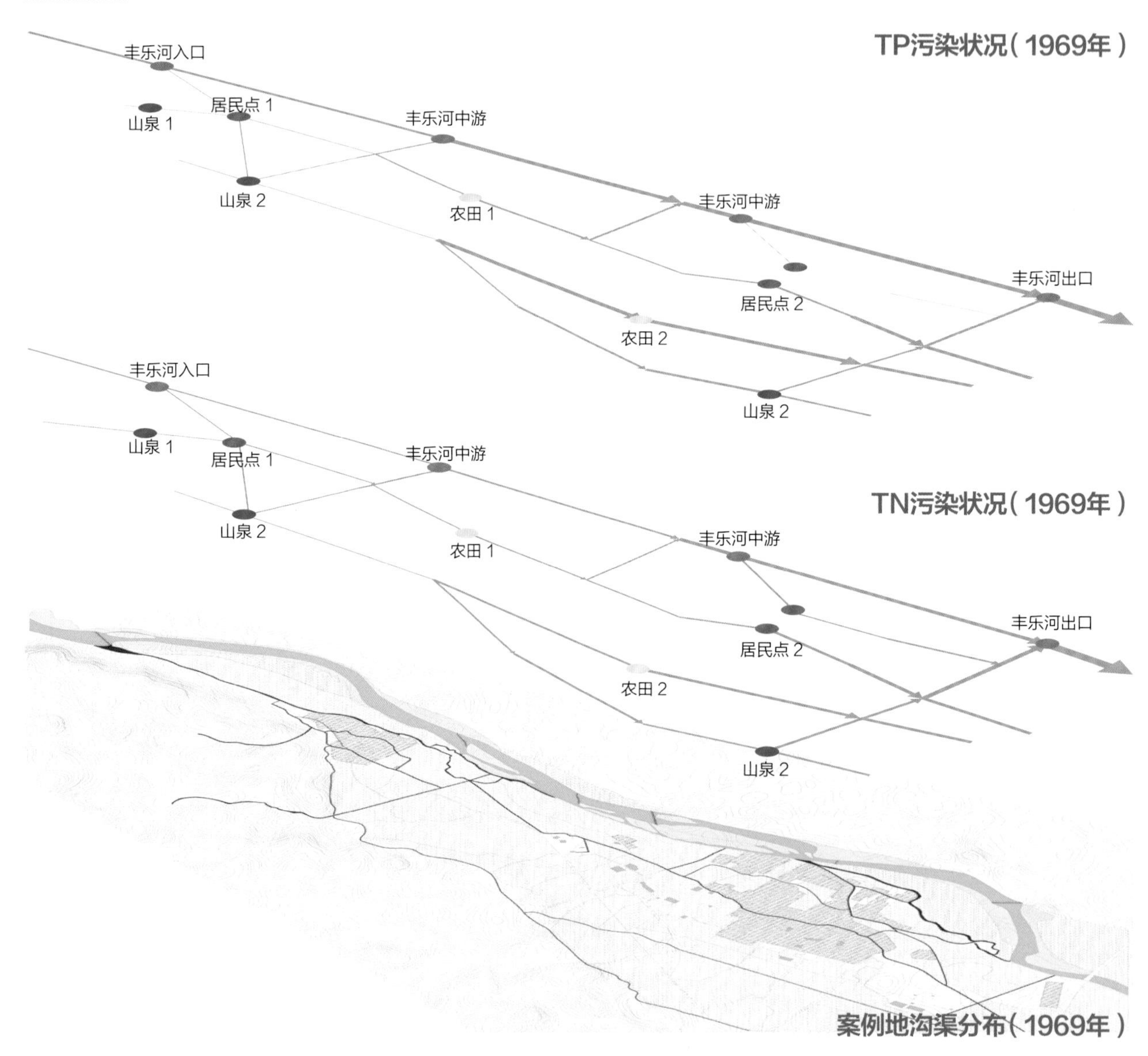
TP污染状况（1969年）
丰乐河入口
山泉 1
居民点 1
丰乐河中游
山泉 2
农田 1
丰乐河中游
居民点 2
丰乐河出口
农田 2
山泉 2
丰乐河入口
山泉 1
居民点 1
丰乐河中游
山泉 2
TN污染状况（1969年）
农田 1
丰乐河中游
居民点 2
丰乐河出口
农田 2
山泉 2
案例地沟渠分布（1969年）

当地农业生产强度提高，城镇扩张和农药化肥的使用增加，打破了传统水利设施与传统小农经济的平衡，水质情况恶化。

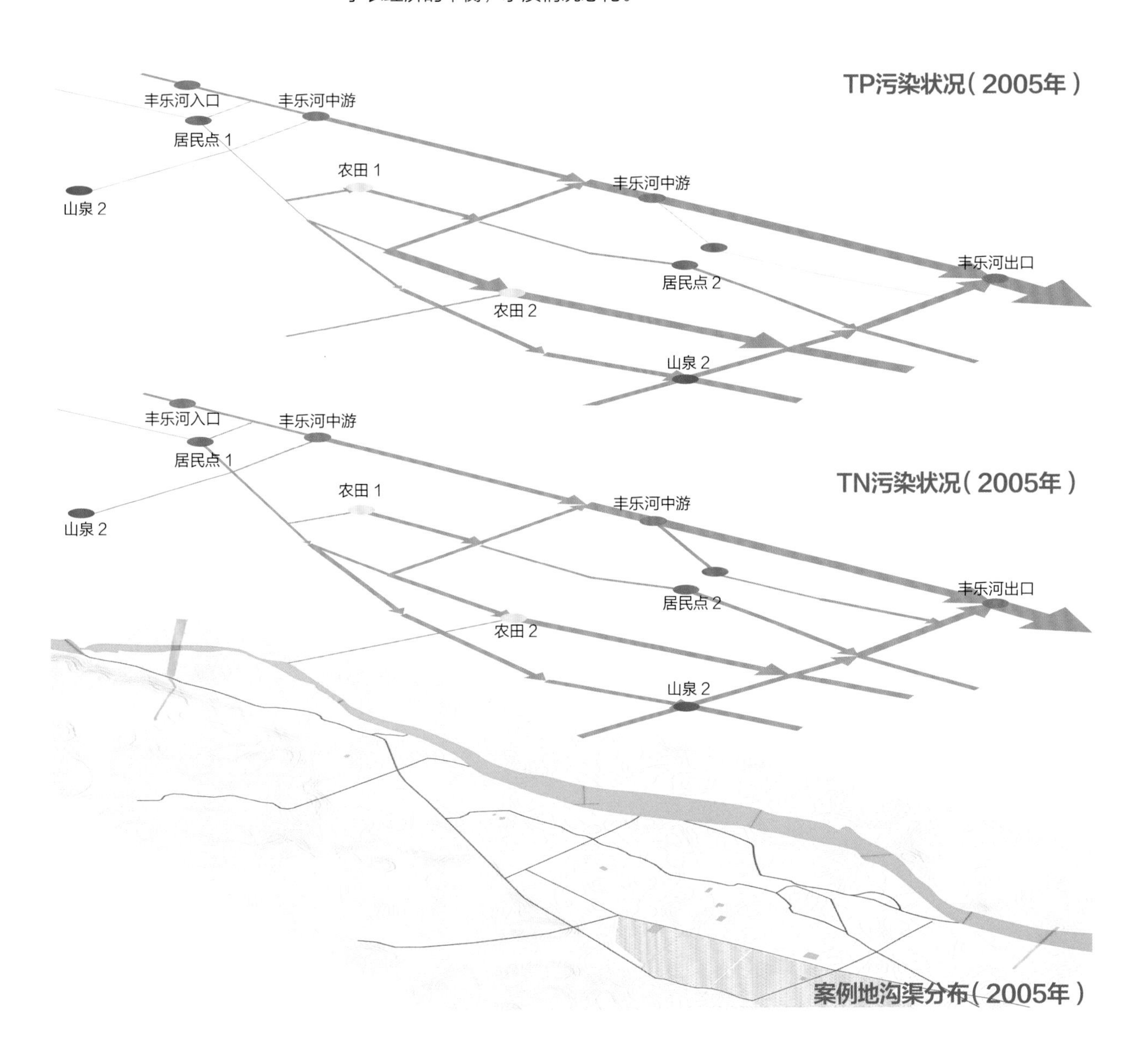
TP污染状况（2005年）
丰乐河入口
丰乐河中游
居民点1
山泉2
农田1
丰乐河中游
居民点2
丰乐河出口
农田2
山泉2
TN污染状况（2005年）
丰乐河入口
丰乐河中游
居民点1
山泉2
农田1
丰乐河中游
居民点2
丰乐河出口
农田2
山泉2
案例地沟渠分布（2005年）

当地减少化肥使用，并进行一定的水利设施建设，水质情况向好。

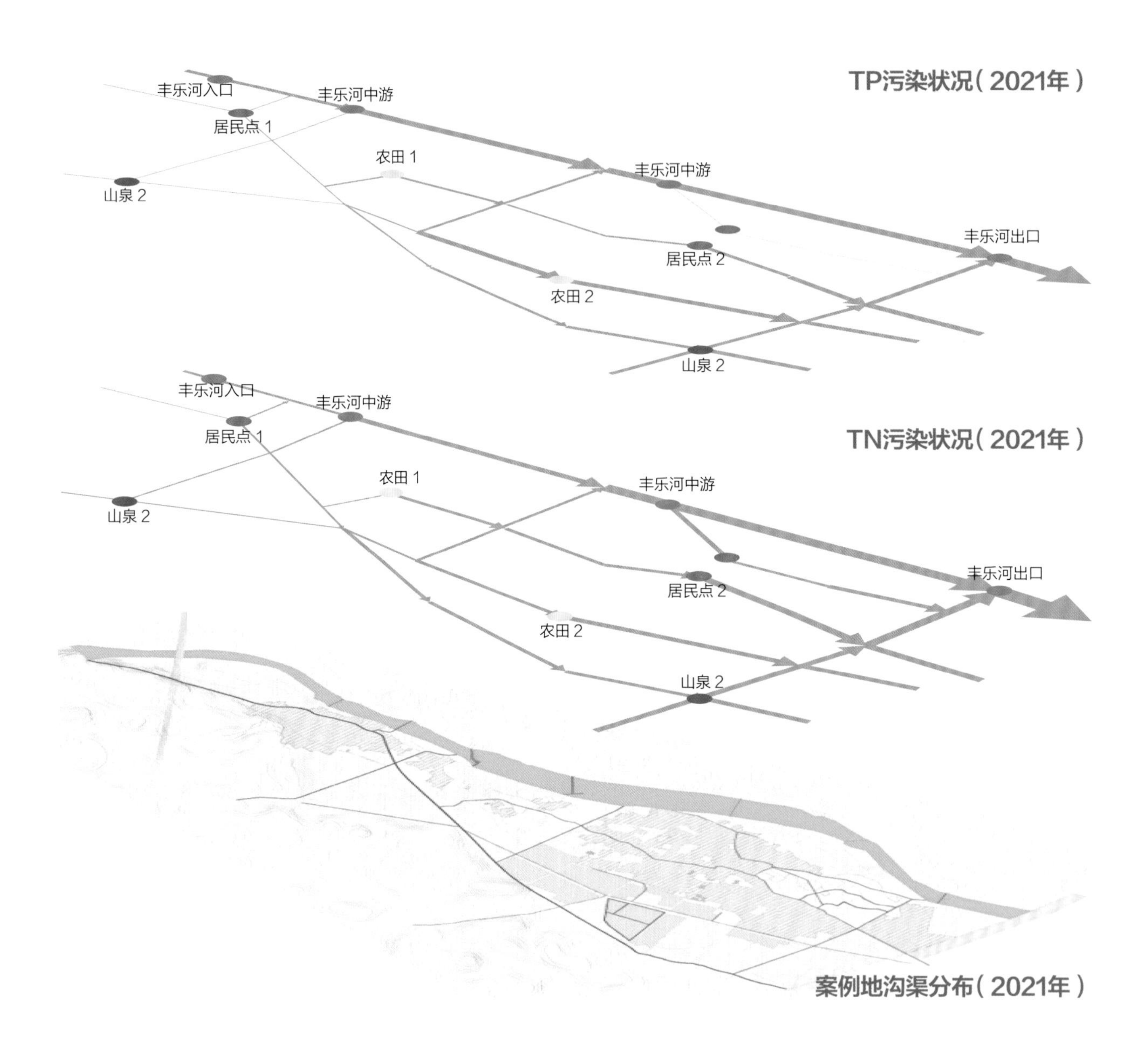
TP污染状况（2021年）
丰乐河入口
丰乐河中游
居民点 1
农田 1
山泉 2
丰乐河中游
丰乐河出口
居民点 2
农田 2
山泉 2
TN污染状况（2021年）
丰乐河入口
丰乐河中游
居民点 1
农田 1
山泉 2
丰乐河中游
丰乐河出口
居民点 2
农田 2
山泉 2
案例地沟渠分布（2021年）

水质情况总结

点位	山泉 1（石桥北）	山泉 2（石桥西）	山泉 3（西溪南）	丰乐河入口	丰乐河中游	丰乐河出口	居民点 1（石桥）	居民点 2（西溪南）	农田 1（石桥）	农田 2（西溪南）
污染状况	稍有加重，但水质情况尚可			先恶化，近年逐渐转好			氮污染有所加重，磷污染情况尚可		污染有所加重，仍十分严峻	
原因	上游淤积堵塞，长期无人维护			建设用地增加，耕地施肥量增加，沟渠硬化			建设用地增加，沟渠硬化，但是修建了污水管道，且居民较少用沟渠洗衣做饭		耕地减少，但施肥量增加，沟渠硬化	
建设用地增加										
施肥量增加										
沟渠硬化										
水塘淤积堵塞										
耕地面积减少										
水草种植										
污水管道										
居民生活习惯										

注：图中绿色为减轻污染，红色为加重污染

生态系统面临的挑战

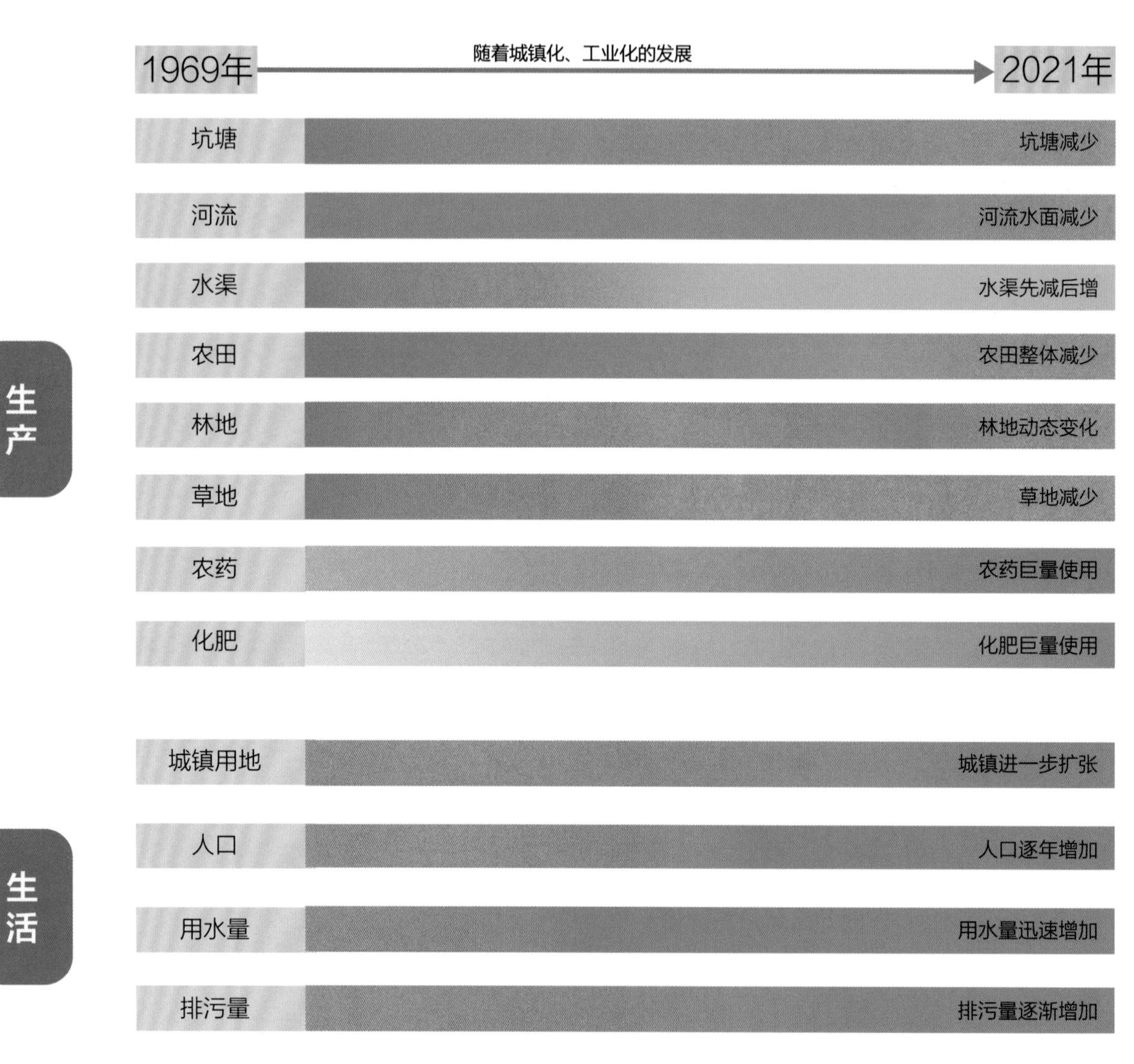

1969年
随着城镇化、工业化的发展
2021年
生产
坑塘
坑塘减少
河流
河流水面减少
水渠
水渠先减后增
农田
农田整体减少
林地
林地动态变化
草地
草地减少
农药
农药巨量使用
化肥
化肥巨量使用
生活
城镇用地
城镇进一步扩张
人口
人口逐年增加
用水量
用水量迅速增加
排污量
排污量逐渐增加

注：颜色由绿色变成灰色代表减少，由灰色变成绿色代表增加。

草铵膦

供给服务减少

调节服务减弱

生产规模扩大，广泛使用化肥、农药、杀虫剂、除草剂等，新的生产方式给农田带来了新的污染。

水污染加剧引发巨大危机

生活方式转变，建设用地迅速扩张，用水量增加，排污量增加，水体污染进一步加剧。

生命承载服务衰退

文化精神服务弱化

生态系统受到严重的威胁，万物生灵曾经的栖息地逐渐丧失，多项系统服务衰减。

实地测量选点与结果

整个设计场地，特别是下游的西溪南村，TN污染严重，西溪南村各个沟渠TN浓度为4.4~15.8mg/L，主要受农田面源污染和城镇居民生活用水影响。上游石桥村TP污染状况尚可，下游的西溪南村的耕地周围TP污染严重，各个沟渠TP浓度为0.145~0.375mg/L，达到四类水标准。

1
2
3
8
9
10
7
5
6
4
11
12
13
13
14
15
16

路段	取点	序号	pH	悬浮物/（mg/L）	化学需氧量/（mg/L）	氨氮/（mg/L）	总磷/（mg/L）	总氮/（mg/L）
城镇线	城镇入口	1	8.32	6	13	0.144	0.05	1.99
	城镇入口	2	8.35	n	7	0.051	0.03	1.66
	观音桥	3	8.2	n	6	0.04	0.04	1.45
农田排水渠	风行渠头	4	7.78	8	14	n	0.15	2.58
	石笼前	5	7.85	n	20	0.158	0.16	2.1
	石笼后	6	7.82	n	22	0.18	0.19	2.18
	渠上水草点	7	7.88	n	24	0.221	0.18	2.01
	农田里水沟	8	8.13	n	5	0.14	0.08	1.32
	农田水渠	9	7.88	8	12	0.142	0.18	2.39
	风行渠尾巴	10	8.2	n	17	n	0.18	2.35
莲藕田	莲藕池田头	11	8.23	n	13	0.208	0.16	2.23
	莲藕池旁草沟	12	7.87	n	21	0.205	0.09	0.73
	水田	13	8.12	n	15	0.111	0.07	2.29
农田湿地	自然农田源头	14	8.72	8	5	0.147	0.12	1.62
	自然河岸	15	8.52	n	5	0.045	0.12	1.43
	湿地中途	16	7.96	n	10	0.2	0.09	1.93
	出口点	17	8.22	n	7	0.092	0.05	1.64

注：1. 相关数据标准参考：吴梦柯. 西溪南镇水污染调查与评价及环境条件对氮磷污染的净化作用 [D]. 合肥：安徽建筑大学，2016.
2. n 表示数据未知。

总结

现代农业水利设施与传统农业水利设施出现交错与矛盾，场地仍然面临严重的雨洪和污染问题：

- 现代农业水利设施结合传统农业水利设施，加快场地内排水速度，导致农业面源污染威胁进一步加剧。
- 水源单一，水塘减少，传统水系统的排蓄能力降低。
- 建设用地增加，沟渠硬化，施肥量增加，水体进一步污染。

触摸脉搏

评估

场地尺度研究与绩效评价

- 西溪南农田排水的五种要素组合类型
- 绩效评价

西溪南农田排水的五种要素组合类型

Combination Type of Sponge Cells

位置分布

类型Ⅰ：高地排水型——水渠、农田、林地、河流横向布局，地势中间高、两侧低。

类型Ⅱ：孔道连接型——农田、水渠、道路、河流横向布局，有地下管道连接。

类型Ⅲ：自然净化型——水渠与河流连接，水渠模拟自然河道，农田、林草地为基质。

类型Ⅳ：泄洪排水型——水渠直接与河流连接，以西红柿大棚种植为主的旱作农田为主要基质。

类型Ⅴ：泄洪排水型——水渠直接与河流连接，以莲藕生产、水稻种植为主的水田为主要基质。

5种类型中，类型Ⅰ和类型Ⅲ有天然的林地，类型Ⅱ为人工干扰下的排水方式，类型Ⅳ和类型Ⅴ为现代与传统水利设施交汇产生的排水类型。它们分布于丰乐河沿岸，在不同的位置对场地水生态系统造成不同程度的污染压力。

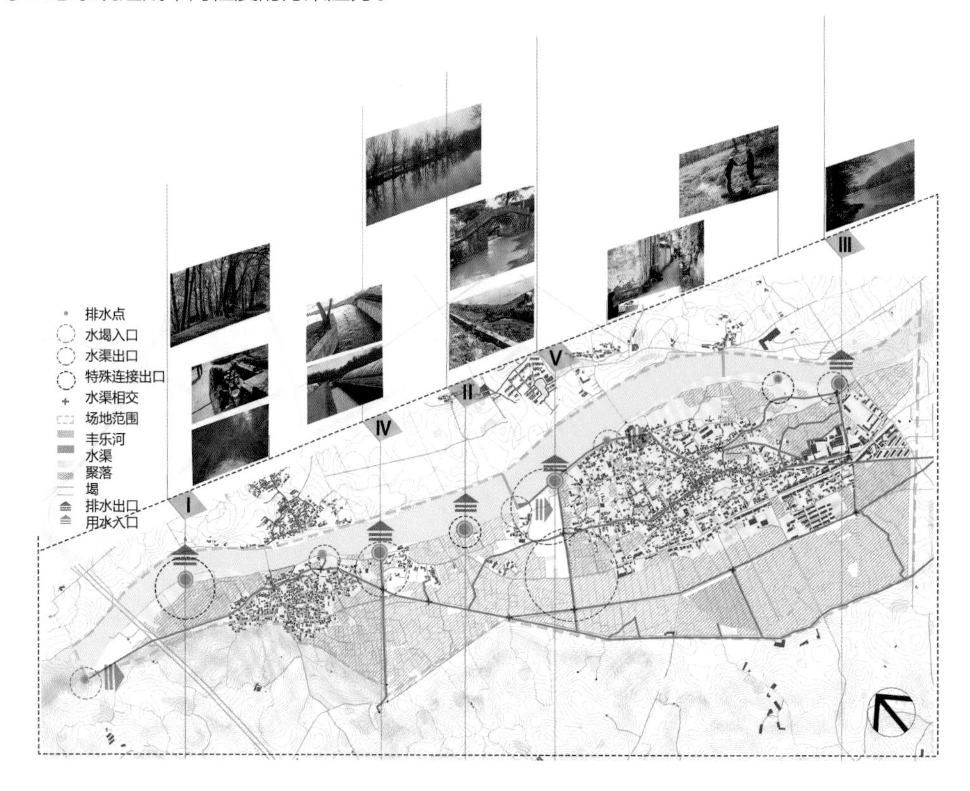

排水点
水堨入口
水渠出口
特殊连接出口
水渠相交
场地范围
丰乐河
水渠
聚落
堨
排水出口
用水入口
Ⅰ
Ⅱ
Ⅲ
Ⅳ
Ⅴ

类型简介

西溪南传统文化丰富，特别是古老的水利文化。在这里生活的先人用智慧的用水方式改善了当地的生活生产方式，发展了徽州地区繁荣的农业。

但经过数百年的变化，传统的水利设施无法更好地满足大规模的农业生产需求，工业时代的农业生产方式与古老的灌溉系统不再匹配。后人用技术的手段、以面对问题解决问题的方式，修建泄洪渠，与传统水利设施串联，以扩展传统水渠的功能为目的，一定程度上解决了问题，也带来了更多的麻烦，其中以水质污染为重。

设计首先归纳总结了场地中5种典型的农业用水的灌溉与泄洪模式，在5种海绵模块的基础上分析“污染”是如何在空间中发生的。

类型Ⅰ　高地排水型

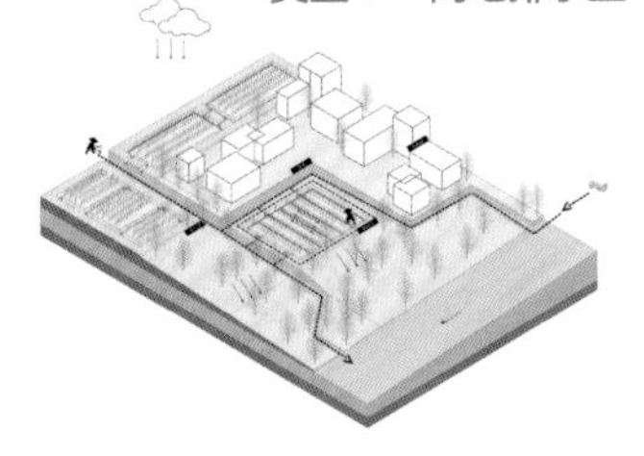

种植油菜、四季豆等作物的家用田，雨水冲刷后，肥料中过量的氮随着地表径流向两侧流动，一部分直接经过河岸流入丰乐河，一部分流进条陇堨，最终通过风行水渠进入丰乐河中。

类型Ⅱ　孔道连接型

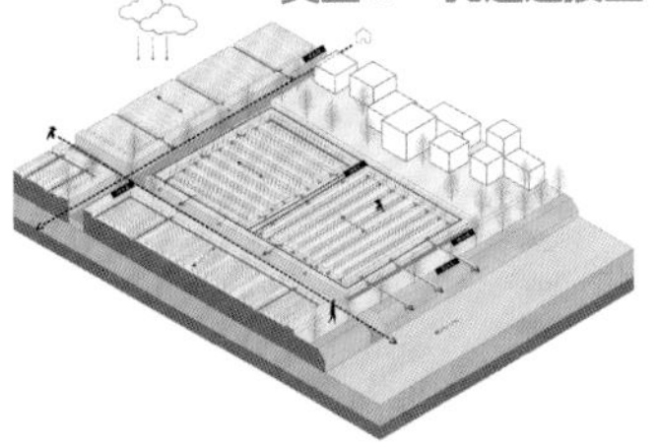

种植油菜、四季豆等作物的家用田，施肥后雨季冲刷，肥料中过量未吸收的氮流进农田一侧的小沟渠中，经由沟渠上的孔洞向河流排放。

类型Ⅲ　自然净化型

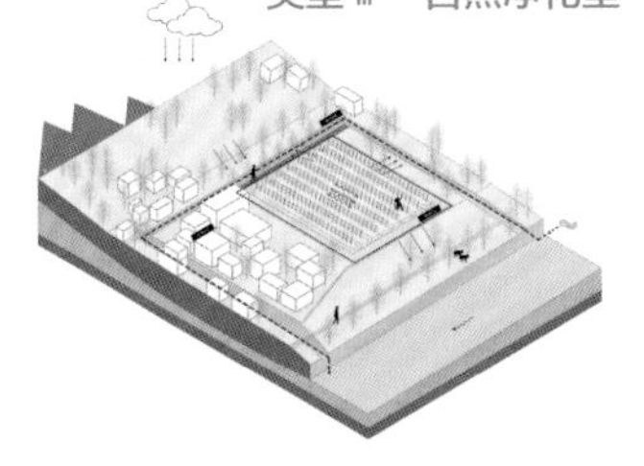

种植油菜、四季豆等作物的家用田，雨水冲刷后肥料中过量未吸收的氮经雨水冲刷流入一侧的水渠中，水渠两侧为自然林草地，水渠模式近自然河道，水被净化后流入丰乐河。

类型Ⅳ　泄洪排水型（旱地）

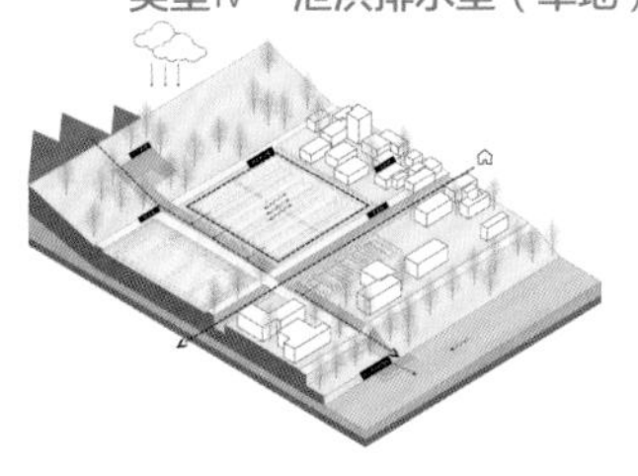

种植西红柿等大棚作物，施加大量氮肥，作物生长过程中需要打药，经过雨季，氮与其他农药中的营养物质与有害成分经地表径流向农田一侧的水渠流动，继而被送入流速更快的排水渠，最终流入丰乐河。

类型Ⅴ　泄洪排水型（水田）

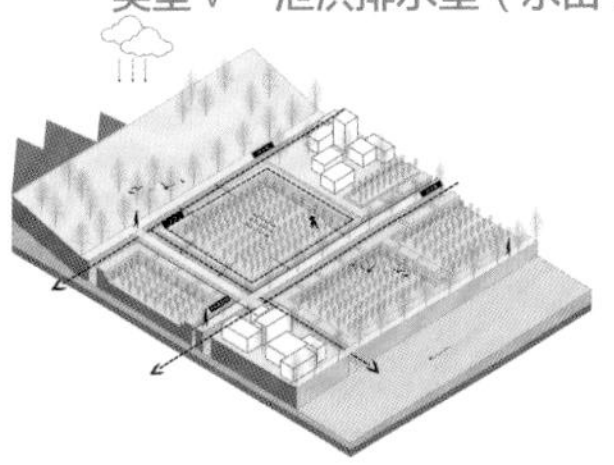

水稻田或莲藕生产基地，其施肥后，过量的氮残留在稻田的水中，经自然流动或雨水冲刷逐渐流向堨和排水渠，最终向丰乐河排放。

类型Ⅰ：高地排水型

高地排水型农田排水方式是石桥村条陇堨流经的第一块农田的排水类型，该地块主要种植油菜、萝卜、四季豆等作物，由于油菜、四季豆等常遭遇虫害，田块农药使用频繁，叶面上残留的农药随雨水冲刷向两侧流动。一侧流入条陇堨，随着水流流进石桥村后在村口排向丰乐河；一侧向河滩流动，经过岸边起伏变化的地势流进河中。

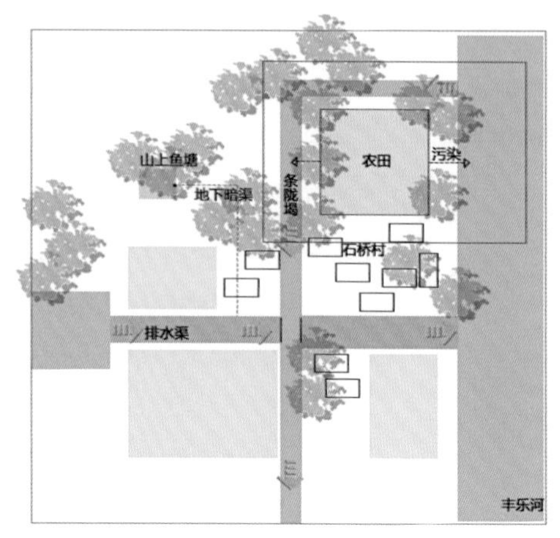

山上鱼塘
地下暗渠
条陇堨
农田
污染
石桥村
排水渠
丰乐河

农田排水类型Ⅰ排水概念图

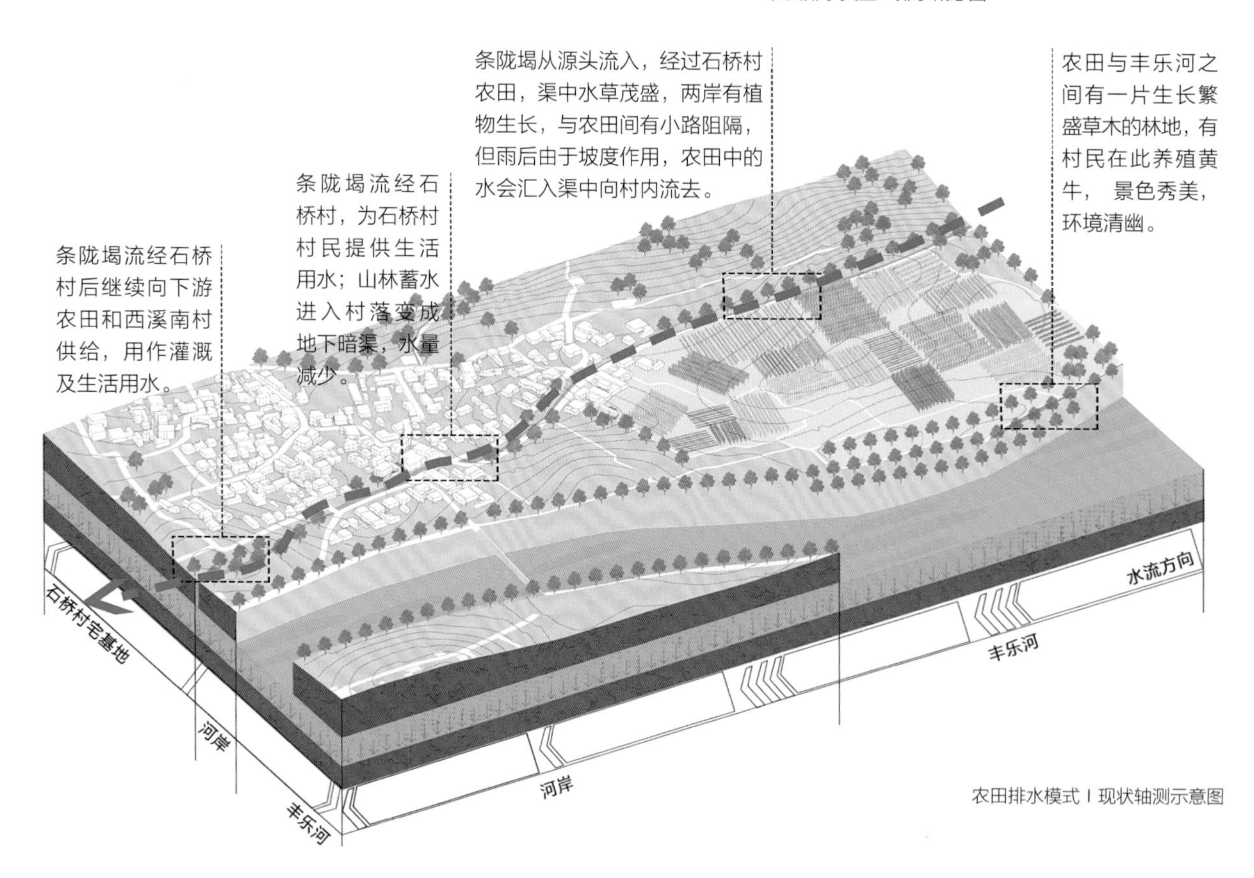

条陇堨流经石桥村后继续向下游农田和西溪南村供给，用作灌溉及生活用水。
条陇堨流经石桥村，为石桥村村民提供生活用水；山林蓄水进入村落变成地下暗渠，水量减少。
条陇堨从源头流入，经过石桥村农田，渠中水草茂盛，两岸有植物生长，与农田间有小路阻隔，但雨后由于坡度作用，农田中的水会汇入渠中向村内流去。
农田与丰乐河之间有一片生长繁盛草木的林地，有村民在此养殖黄牛，景色秀美，环境清幽。
石桥村宅基地
河岸
丰乐河
河岸
丰乐河
水流方向

农田排水模式Ⅰ现状轴测示意图

类型 I

农田高于两侧水渠和林地，降水后农田径流向两侧流动，水渠和林地分别承载一定的农田营养物质，最终汇入丰乐河。

沟渠

自1969年至今，条陇堨的入口水渠段基本保持原貌，未经过渠化，两侧生长水生植物，底部水草保持净化作用。

林地

1969年后，逐渐由河边未利用地形成滩涂林地；2005年后，部分进行人工种植改造，集自然林地和人工灌木林于一体。

排水出口

一侧由林地连接农田与丰乐河，一侧由条陇堨连接，经过石桥村后直接归入丰乐河。

田块与种植结构

经过农业大寨时期，地面被人工抬高，种植灌溉方式与地表水流动方式发生变化，农田内的营养物质更多地被冲向河道（沟渠）中。农田种植的化肥农药输入量逐渐增加，一年两到三季种植，以豆类产品，以及油菜和菠菜等蔬菜为主。

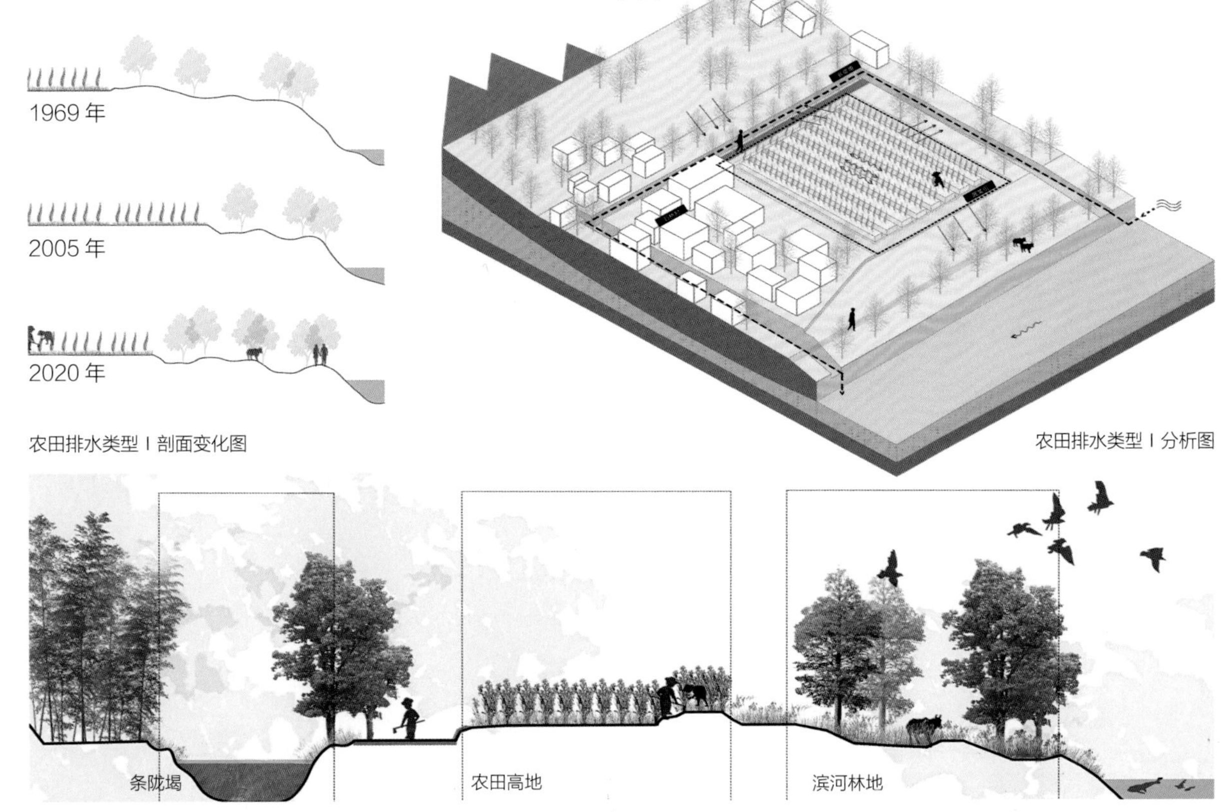

1969 年
2005 年
2020 年
条陇堨
农田高地
滨河林地

农田排水类型 I 剖面变化图

农田排水类型 I 分析图

农田排水类型 I 剖面分析图

类型 | 排水污染实地测量数据

2021年5月，研究选择场地内的18个点进行水渠以及农田径流的取样，测量样本的氮磷浓度、生物需氧量以及氨氮浓度，发现场地内水污染面临的主要问题是使用农药化肥导致的农田面源污染带来的氮浓度剧增。

- 图中①、②、③点位于高地排水类型的田块旁条陇堨水渠上，①为进入段，②为中段，③为村内用水段，其氮浓度逐渐下降，一定程度上证明了条陇堨仍然具有相对的净水能力。化学需氧量逐渐降低，可能表示水中有机物含量逐渐减少。
- ⑦、⑨、⑩分别为有水草的排水渠、农田内径流以及排水渠汇入丰乐河的点。数据一定程度上表示了对排水渠内水草作用的质疑；同时，农田内径流的污染稍小于排水渠内污染，排水渠可能加重了场地水生态系统污染。
- 排水渠段水质差于条陇堨，且均差于点⑰所表示的西溪南湿地尽头水质。

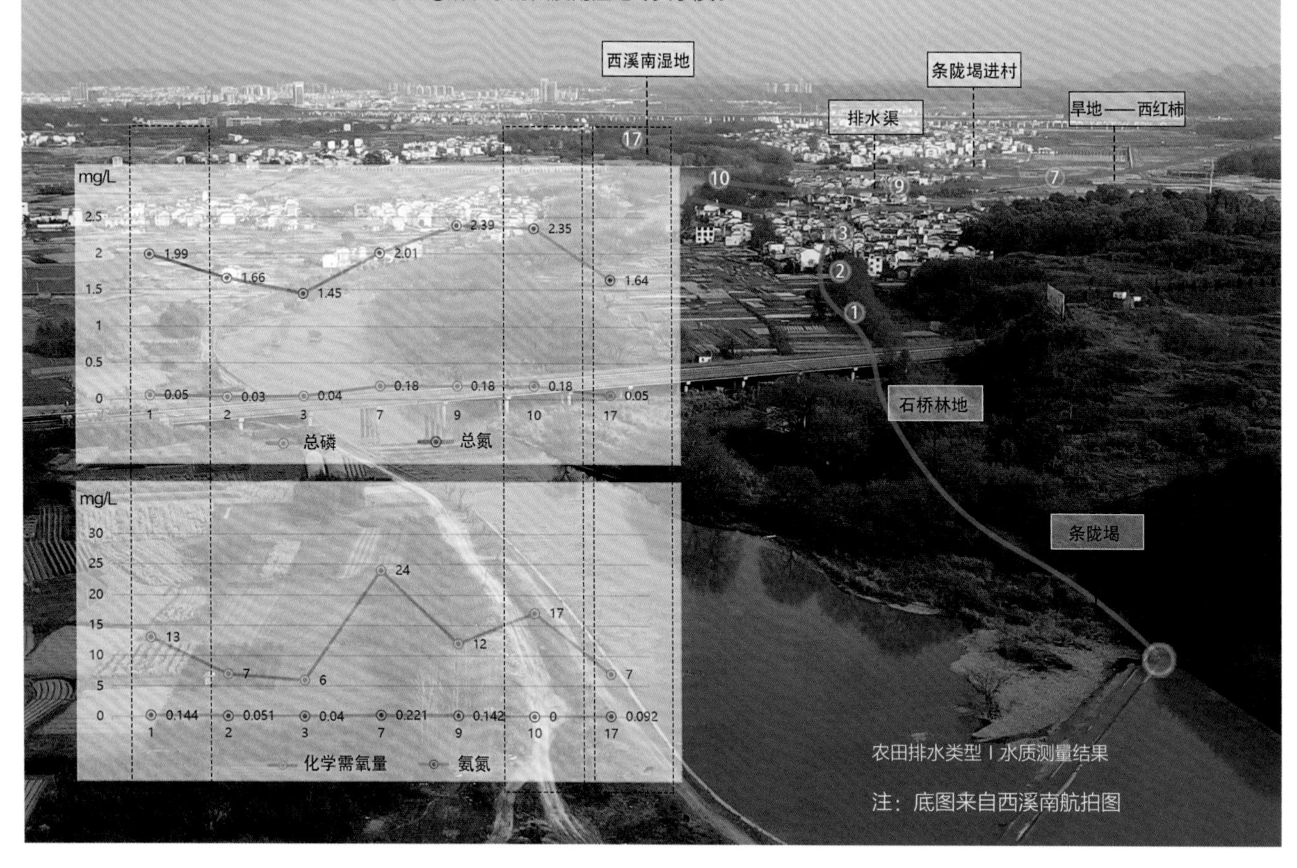
西溪南湿地
条陇堨进村
排水渠
旱地——西红柿
石桥林地
条陇堨
mg/L
2.5
2
1.5
1
0.5
0
1.99
1.66
1.45
2.01
2.39
2.35
1.64
0.05
0.03
0.04
0.18
0.18
0.18
0.05
1
2
3
7
9
10
17
总磷
总氮
mg/L
30
25
20
15
10
5
0
13
7
6
24
12
17
7
0.144
0.051
0.04
0.221
0.142
0
0.092
化学需氧量
氨氮

农田排水类型 | 水质测量结果

注：底图来自西溪南航拍图

类型 II：孔道连接型

孔道连接型排水方式是在人工干扰下产生的一种畸形的灰色排水方式。在从西溪南出发沿河前往石桥村的石板路一侧，为排水方便修建了路边排水小沟渠，并通过孔道与河流直接相连。同时，农田一侧也伴随着大面积田地的排水直接冲进河流中，直接导致此段丰乐河水呈现两岸两色的情况，其水质污染状况肉眼可见。

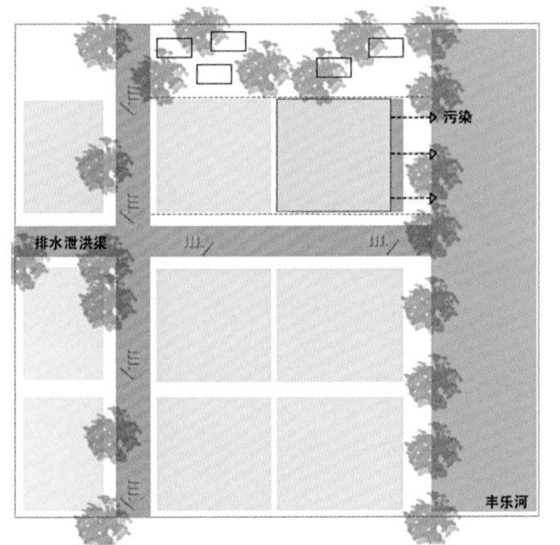

污染
排水泄洪渠
丰乐河

农田排水类型 II 排水概念图

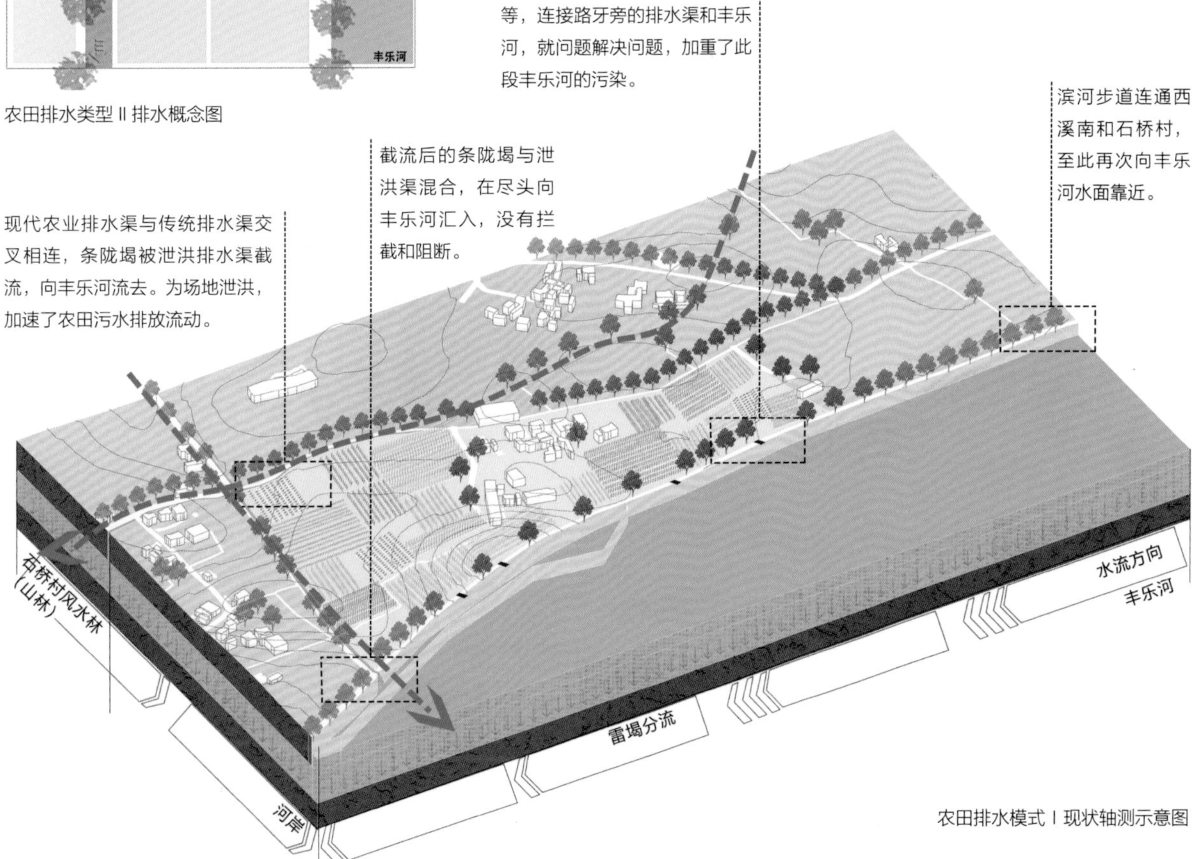

河岸的小孔，包括管道式、洞式等，连接路牙旁的排水渠和丰乐河，就问题解决问题，加重了此段丰乐河的污染。
滨河步道连通西溪南和石桥村，至此再次向丰乐河水面靠近。
截流后的条陇堨与泄洪渠混合，在尽头向丰乐河汇入，没有拦截和阻断。
现代农业排水渠与传统排水渠交叉相连，条陇堨被泄洪排水渠截流，向丰乐河流去。为场地泄洪，加速了农田污水排放流动。
石桥村风水林（山林）
水流方向
丰乐河
雷堨分流
河岸

农田排水模式 I 现状轴测示意图

类型 II

灰色排水设施带来的一种不利于水安全的排水模式，与一侧的水渠直排，共同造成此段河流的严重水质变化。

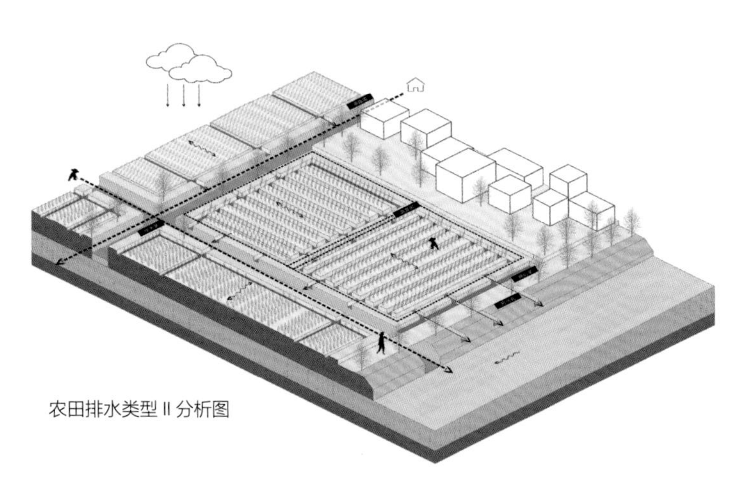

农田排水类型 II 分析图

沟渠

人工挖掘的农田和道路排水渠，为硬化水渠，渠面上有小孔，经由路面之下向河流排水。

河岸

曾经是农田和河流的自然分界，具有水质净化的能力，现在一侧修建步道供旅游产业发展，经过铺装的游步道地面铺设石板，雨水向两侧流动。排水设施弱化了河岸的净化作用。

排水出口

农田通过小孔洞或宽大的排水渠与河流直接连接。

田块与种植结构

以油菜、菠菜、大蒜、四季豆等蔬菜种植为主，农田定期施肥、叶面打药。

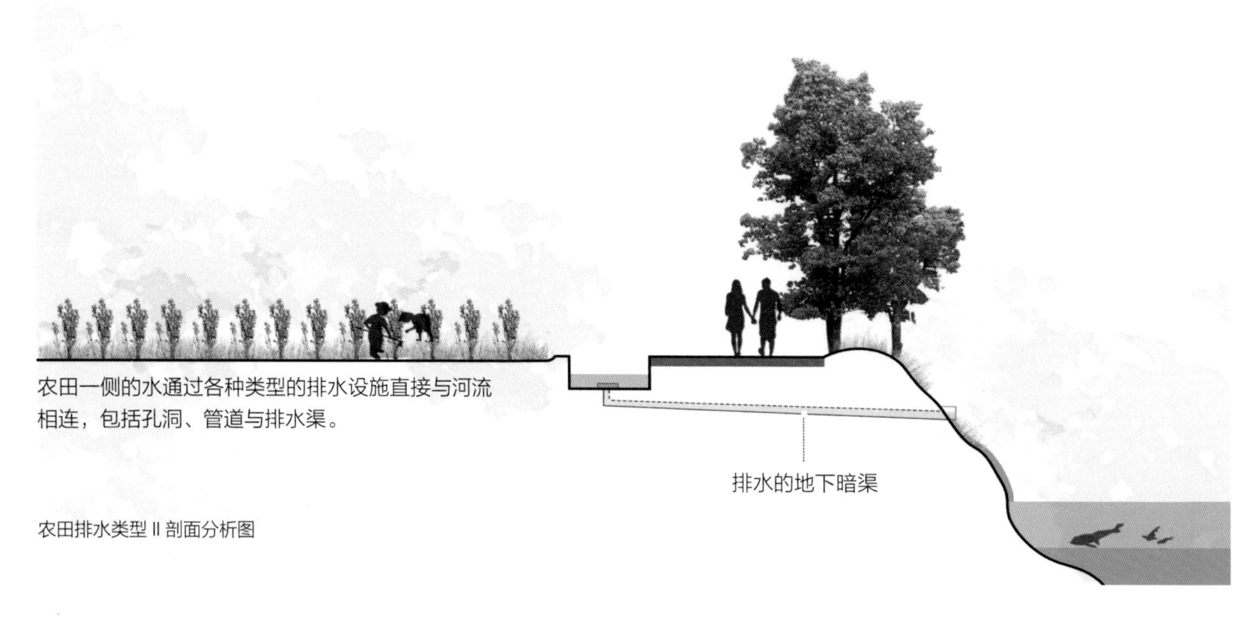
农田一侧的水通过各种类型的排水设施直接与河流相连，包括孔洞、管道与排水渠。
排水的地下暗渠

农田排水类型 II 剖面分析图

类型 Ⅱ 排水污染实地测量数据

为估计排水类型 Ⅱ 的污染程度，研究通过比较测量的点10数据与查阅文献获得的点18数据，得出需要的结论。点10是场地中污染相对较严重的排水点，点18是雷埸汇入河流的入口，孔道排水的下游。点10的氮浓度小于点18的氮浓度，因此丰乐河在经过类型 Ⅱ 的排水后，其污染程度应该有所加重。

条陇堨
氮浓度：2.35mg/L
磷浓度：0.18mg/L
10
进村
路边排水沟
河边农田
严重污染处
雷堨
氮浓度：7.64mg/L
磷浓度：0.08mg/L
18

农田排水类型 Ⅱ 水质测量结果

注：点 18 数据来自吴梦柯．西溪南镇水污染调查与评价及环境条件对氮磷污染的净化作用 [D]．合肥：安徽建筑大学，2016.

类型 Ⅲ：自然净化型

自然净化型是场地中生态效益最优的一种排水类型。在西溪南宅基地一侧，隔着一片农田，即为自然生长出的生态林地，其草木茂盛，雷堨的尽端经过此处形成自然状态下的溪流，农田排水进入这一天然的溪流中，得到自然带来的最大程度的净化消解，再在尽头汇集进入丰乐河。此处成为雷堨水质的天然净化终端。

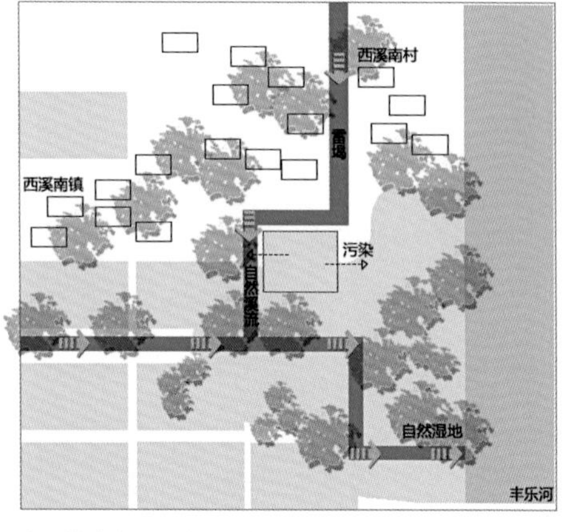

西溪南村
雷堨
西溪南镇
污染
自然溪流
自然湿地
丰乐河

农田排水类型Ⅲ排水概念图

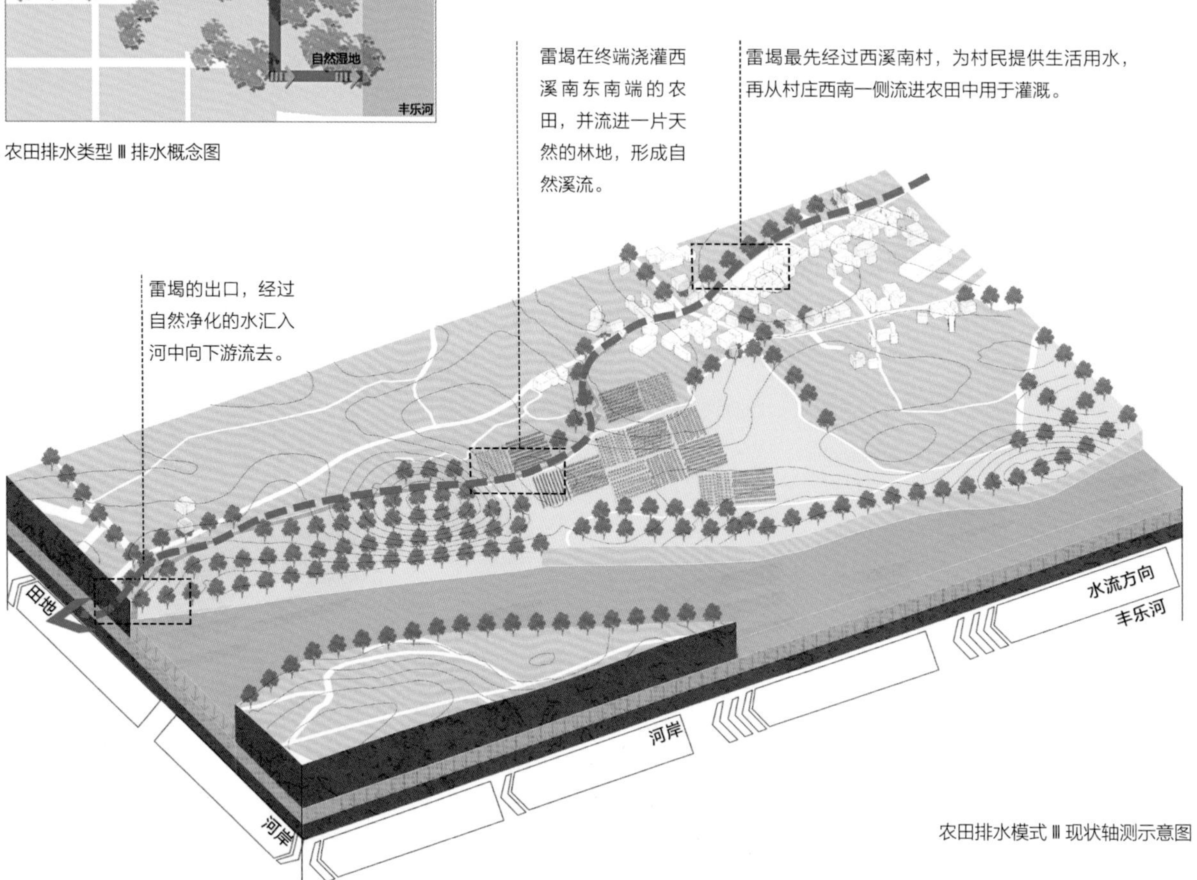

雷堨在终端浇灌西溪南东南端的农田，并流进一片天然的林地，形成自然溪流。
雷堨最先经过西溪南村，为村民提供生活用水，再从村庄西南一侧流进农田中用于灌溉。
雷堨的出口，经过自然净化的水汇入河中向下游流去。
田地
水流方向
丰乐河
河岸
河岸

农田排水模式Ⅲ现状轴测示意图

类型Ⅲ

水依次流经水塌、村庄、农田、湿地，最终汇入丰乐河，是场地现状中净化水质和消解污染最有效的方式。

沟渠

雷塌的出口段，形成自然溪流的形态，水生植物众多，两岸植物长势良好。

林地

河边湿度大，气候适宜，1969年后逐渐由河边未利用地形成自然林地，形成丰富的河岸植物群落。

排水出口

自然溪流形成的与丰乐河相接的出口，在天然林地内。

田块与种植结构

太平天国运动后，宅基地被拆毁，部分变成农田，后废弃荒地逐渐向农用地转化，河岸一带农田增加；随着人口减少和村落经济发展，部分荒废又恢复至自然状态，种植油菜、四季豆等作物。

农田排水类型Ⅲ分析图

根据遥感影像目视解译，1969年后，西溪南滨河一侧的土地受水的湿度、温度等小气候影响，从裸土地向自然林地转化。至今，由于附近农田废弃，保持自然林地的状态，形成天然的净水湿地。

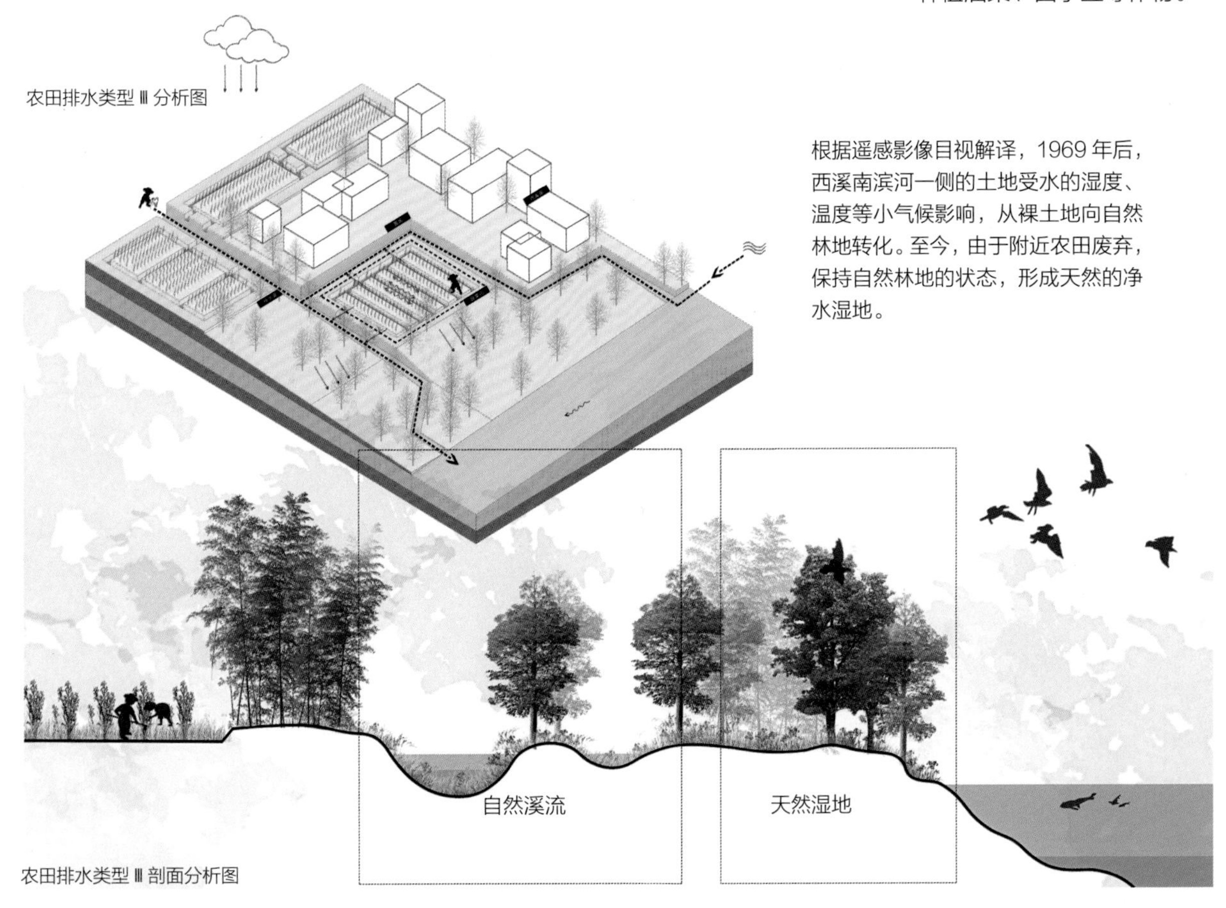
自然溪流
天然湿地

农田排水类型Ⅲ剖面分析图

类型 Ⅲ 排水污染实地测量数据

点⑭、⑮、⑯、⑰分别为雷堨在西溪南村中、在湿地中以及在汇入河流处 4 个测量点位。

- 对比点⑦、⑨、⑩三个风行排水渠上的点，发现自然湿地的净化效果是显而易见的。
- 点⑮对比点⑦、⑨、⑩和⑭，明显的氮浓度下降证实了湿地具有净化作用。且从化学需氧量曲线上可以看到自然湿地中的点的有机物污染更少。
- 出口点⑰与出口点⑩的数据对比明显，一定程度上揭示了自然湿地具有净化作用，而风行水渠则会使污染扩散。

西溪南湿地
条陇堨进村
排水渠
旱地 — 西红柿
石桥林地
mg/L
24
12
17
15
5
10
7
0.221
0.142
0
0.147
0.045
0.2
0.092
7 9 10 14 15 16 17
化学需氧量
氨氮
mg/L
2.01
2.39
2.35
1.62
1.43
1.93
1.64
0.18
0.18
0.18
0.12
0.12
0.09
0.05
7 9 10 14 15 16 17
总磷
总氮

农田排水类型 Ⅲ 水质测量结果

类型Ⅳ：泄洪排水型（旱地）

在沿路的新泄洪渠修建后，新渠与传统渠道的部分段被打通相连，水流的范围更宽广，流速更快。相关研究表明这样的做法可能在加快泄洪速度的同时也增加污染物的流动速度，使沿途污染消解压力增加、河流污染更加严重。尽管采取了一些举措，如铺设水草等，但其经济效益和生态效益都不高。

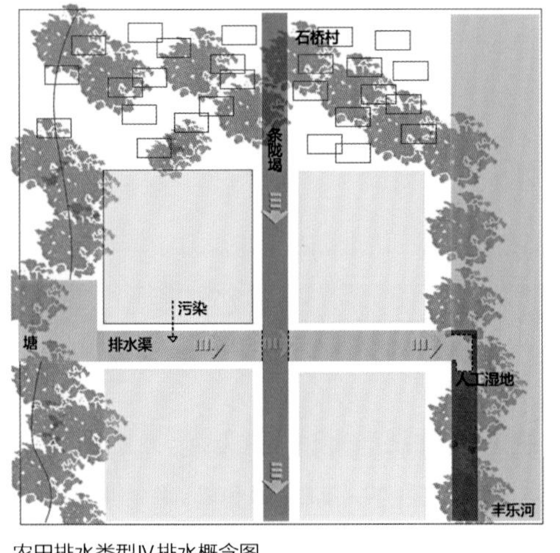
石桥村
条陇堨
污染
塘
排水渠
人工湿地
丰乐河

农田排水类型Ⅳ排水概念图

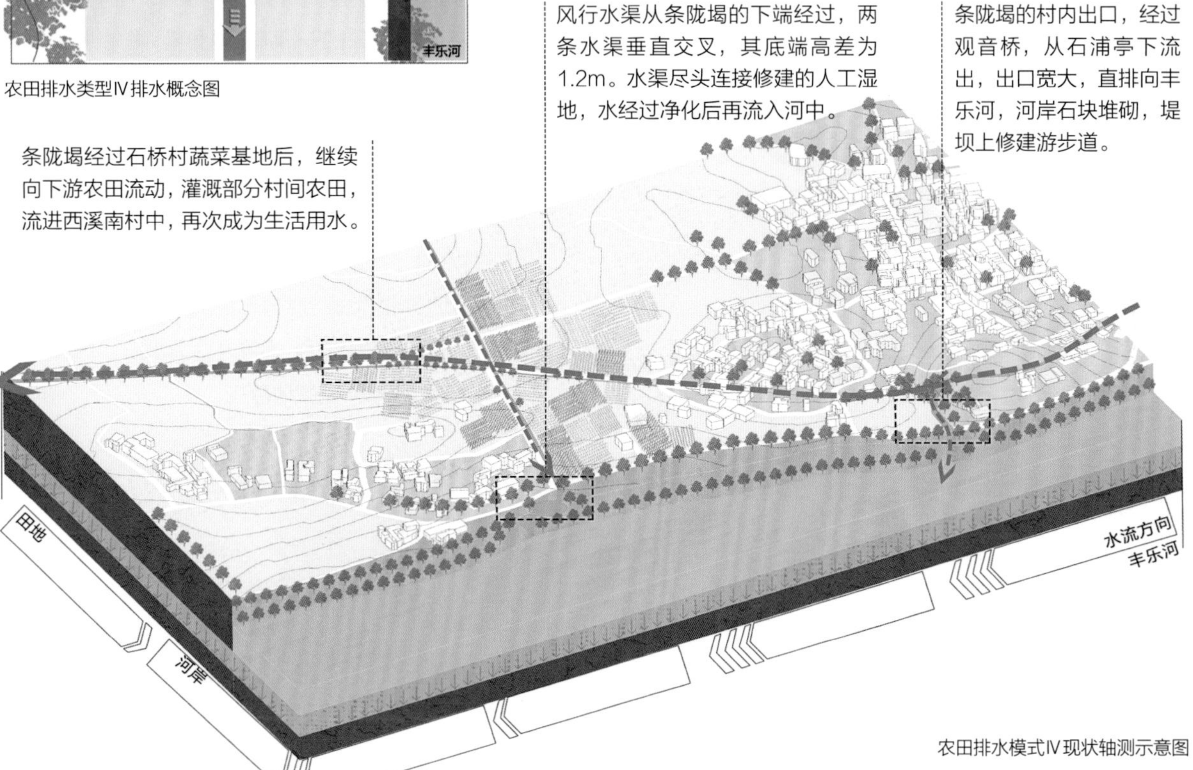
风行水渠从条陇堨的下端经过，两条水渠垂直交叉，其底端高差为1.2m。水渠尽头连接修建的人工湿地，水经过净化后再流入河中。
条陇堨的村内出口，经过观音桥，从石浦亭下流出，出口宽大，直排向丰乐河，河岸石块堆砌，堤坝上修建游步道。
条陇堨经过石桥村蔬菜基地后，继续向下游农田流动，灌溉部分村间农田，流进西溪南村中，再次成为生活用水。
田地
河岸
水流方向
丰乐河

农田排水模式Ⅳ现状轴测示意图

类型Ⅳ

现代农业的新水渠与传统农业的堨相互连接，形成的新排水模式，新水渠截流传统堨，加快场地的排水速度。

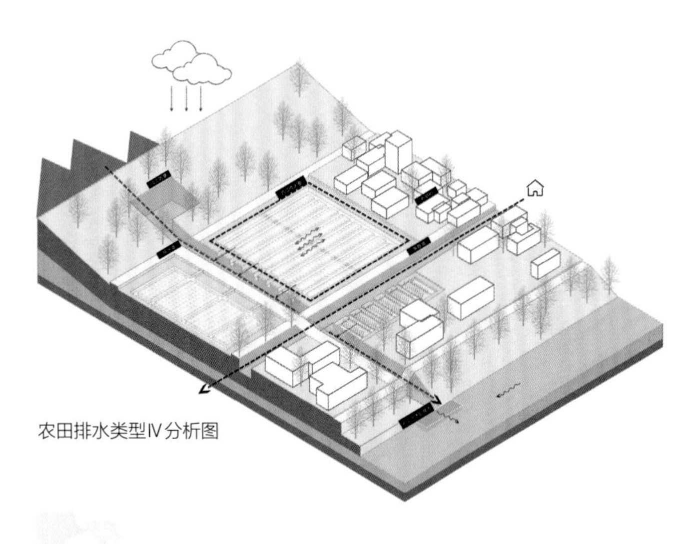

农田排水类型Ⅳ分析图

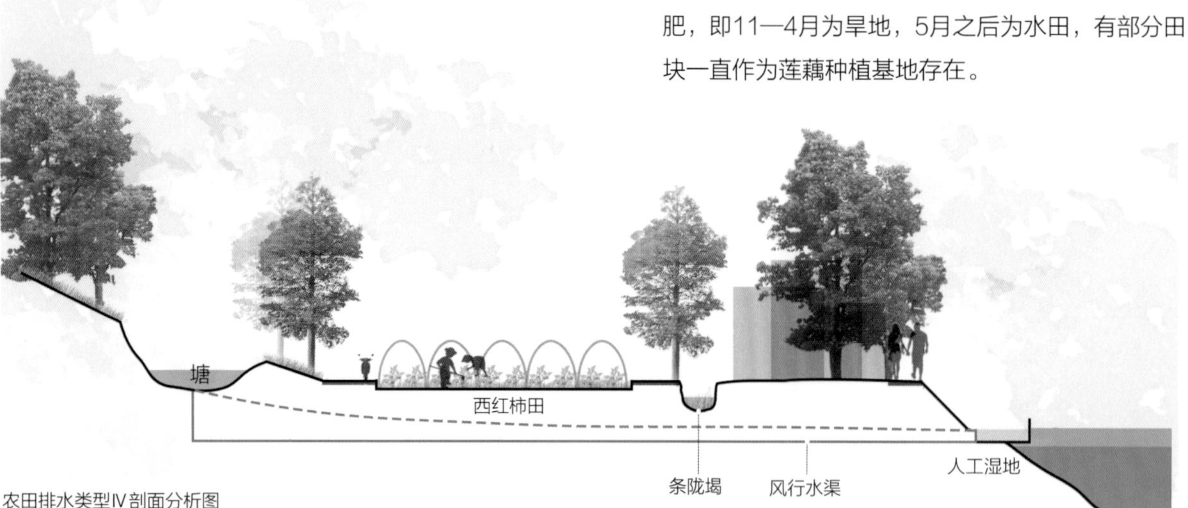
塘
西红柿田
条陇堨
风行水渠
人工湿地

农田排水类型Ⅳ剖面分析图

沟渠

泄洪渠为主要排水设施，传统水渠部分串连打通。风行水渠来自山上的塘，一路向下经过农田，截流条陇堨，进入人工湿地后流进丰乐河。

人工湿地

人工湿地为三面石块堆砌的深塘，几个塘相互连接实现净水，但从现场情况看其净水效果并不理想。

河岸

河岸一侧修建游步道，供村民休闲娱乐，河岸被硬化，游步道在上，河流在下，河岸石块堆叠，树木生长。

田块与种植结构

水旱交替的农田变化，其施肥和打药时间段集中，主要排水方式以排水渠为主，地表水经由农田直接流进排水渠，被送入河流。

11月前后种植大棚西红柿，5月开始对水稻施基肥，即11—4月为旱地，5月之后为水田，有部分田块一直作为莲藕种植基地存在。

类型Ⅴ：泄洪排水型（水田）

近年来，西溪南镇围绕推动产业结构调优调强，重点培植早莲藕等附加值高的农业产业促农增收。由此，西溪南镇出现了长期的水田莲藕种植基地，与5月后种植的水稻共同构成了大规模水田。水田内部蓄水，以一种特殊的“塘”的形式存在，再与水渠连接，灌溉排水皆由此模式承载。

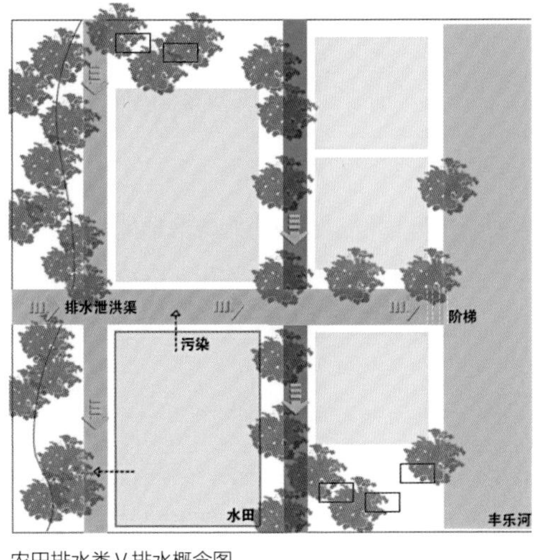

排水泄洪渠
污染
阶梯
水田
丰乐河

农田排水类Ⅴ排水概念图

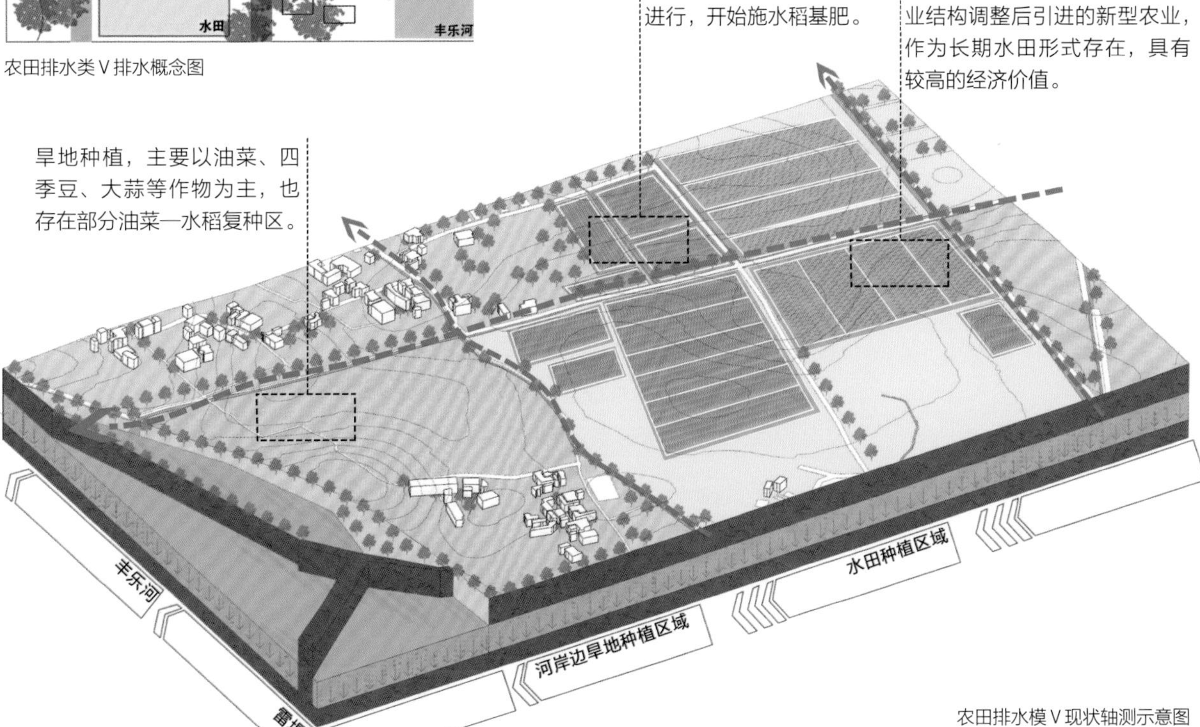

水稻种植，在5月后开始进行，开始施水稻基肥。
莲藕种植基地，是西溪南村产业结构调整后引进的新型农业，作为长期水田形式存在，具有较高的经济价值。
旱地种植，主要以油菜、四季豆、大蒜等作物为主，也存在部分油菜—水稻复种区。
丰乐河
雷堨
河岸边旱地种植区域
水田种植区域

农田排水模Ⅴ现状轴测示意图

类型Ⅴ

新的农业产业形成新的农业用地面貌，水田与排水渠连接，形成更大规模的排水类型，包括短期水稻田与长期的莲藕种植田。

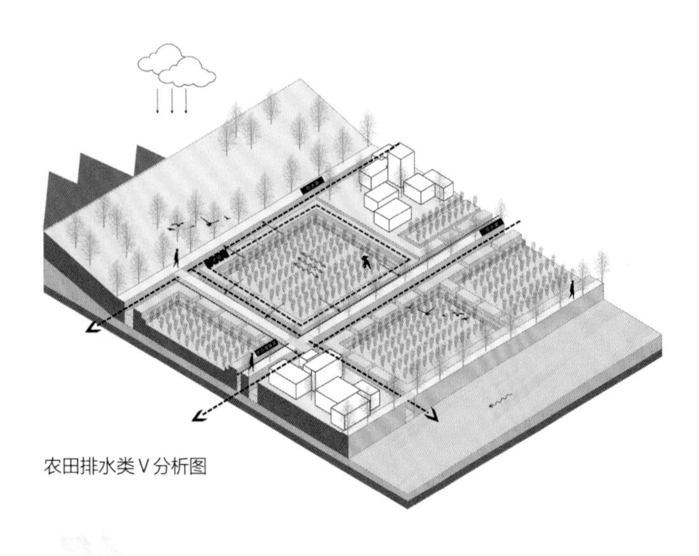

农田排水类Ⅴ分析图

沟渠

泄洪渠为主要排水设施，横纵泄洪渠连通，与水田的特殊“塘”形成灌溉排水面。水田内的小沟渠与大排水渠连接，将水田内的污染向河流输送。

特殊湿地

场地中部分田地在特定时期会发挥湿地的作用，如生长的稻田和暂时未种植物的农田，田中积蓄水，生长植物，吸引水鸟驻足，也可以养殖黄牛。

排水连接

水田蓄水，在水田外小沟渠流动，后通过田垄的排水洞向沟渠排放，通过泄洪排水渠直接冲向丰乐河。

河岸

排水渠与丰乐河交口的两侧为几近垂直的河岸，交口处以阶梯形成排水通道。

田块与种植结构

5月开始给水稻施基肥，5月之后为水田，有部分田块一直作为莲藕种植基地存在。

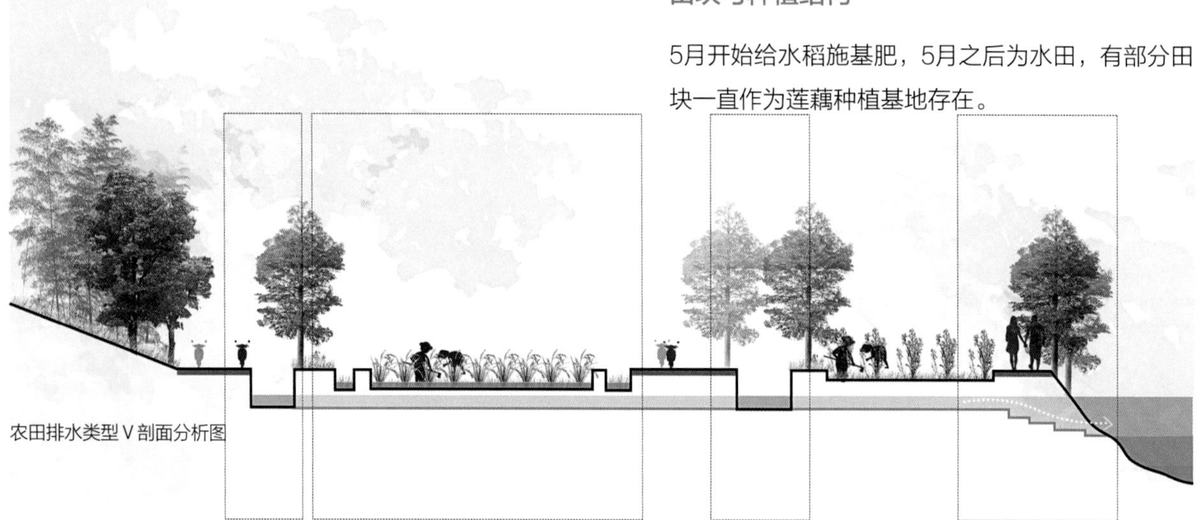

农田排水类型Ⅴ剖面分析图

西红柿
排水渠
条陇埸
莲藕池
排水渠
4
5
6
7
9
10
11
12
13
mg/L
2.7
2.2
1.7
1.2
0.7
0.2
-0.3
2.58
2.1
2.18
2.01
2.39
2.35
2.23
0.73
2.29
1.64
0.15
0.16
0.19
0.18
0.18
0.18
0.16
0.09
0.07
0.05
4 5 6 7 9 10 11 12 13 17
总磷
总氮
mg/L
25
20
15
10
5
0
14
20
22
24
12
17
13
21
15
7
0
0.158
0.18
0.221
0.142
0
0.208
0.205
0.111
0.092
4 5 6 7 9 10 11 12 13 17
化学需氧量
氨氮

点④、⑤、⑥、⑦、⑨、⑩在风行渠上，点⑪、⑫、⑬在水田中（莲藕池旁）。

点⑫在莲藕池旁草沟内，其污染指数较其他点有明显下降，农田内布满植物的小沟径流的巨大净化潜力由此可见。

水田污染与旱田污染的差距很小，有时甚至高于旱地，可能由于目前水田和旱地的种植和施肥方法类似，且水田排水更加频繁且方便。

农田排水类型Ⅴ水质测量结果

绩效评价

Performance Evaluation

绩效评价尺度 → 评价因子选取

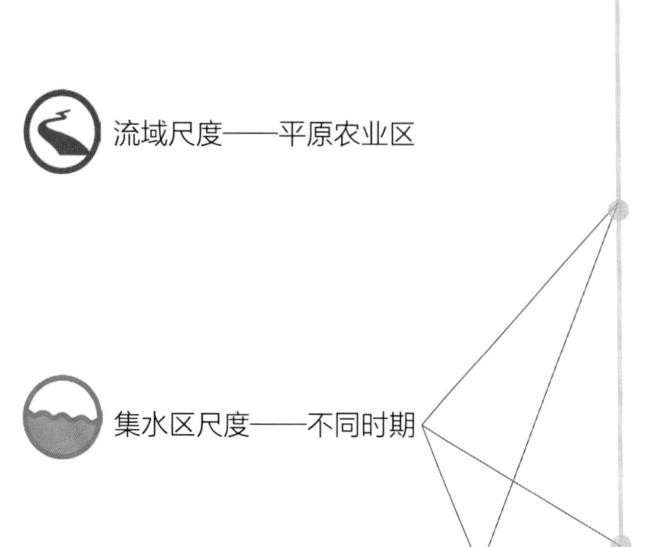

流域尺度——平原农业区
集水区尺度——不同时期
场地尺度——不同模式

资源投入

土地投入：

人工投入：

机械投入：

水资源投入：

肥料投入：

农药投入：

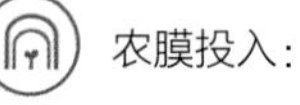
农膜投入：

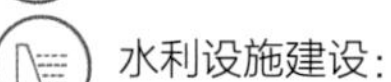
水利设施建设：

污染处理投入

水污染处理：

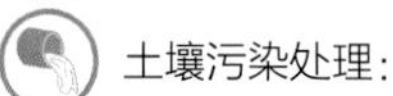
土壤污染处理：

食物原材料供给

水资源供给：

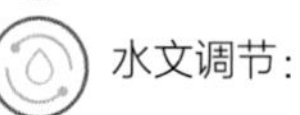
水文调节：

生物多样性：

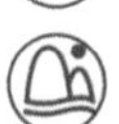
气候调节：

美学景观：

资源产出

环境净化：

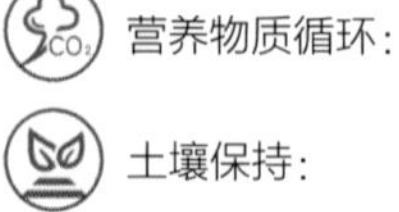
营养物质循环：

土壤保持：

气体调节：

农业绩效评价

通过总播种面积和土地价值计算

通过农业劳动力人口数量和农村居民收入计算

通过农业机械拥有量进行折现，并以农业机械功率计算

通过机井数量折现，并以有效灌溉面积计算

通过氮肥、磷肥、钾肥、复合肥使用量和市场价格计算

通过农药、杀虫剂使用量和市场价格计算

通过农膜使用量和市场价格计算

通过水利设施规模和造价进行折现计算

通过水污染情况计算污染通量，通过污染处理成本计算

通过化肥农药的使用量和吸收量的差值，结合水污染情况计算污染物通量，后通过污染处理成本计算

通过农业农作物产值计算

数据来自“中国陆地生态系统服务价值空间分布数据集”，并通过GIS分区统计计算

数据来自“中国陆地生态系统服务价值空间分布数据集”，并通过GIS分区统计计算

数据来自“中国陆地生态系统服务价值空间分布数据集”，并通过GIS分区统计计算

数据来自“中国陆地生态系统服务价值空间分布数据集”，并通过GIS分区统计计算

数据来自“中国陆地生态系统服务价值空间分布数据集”，并通过GIS分区统计计算

数据来自“中国陆地生态系统服务价值空间分布数据集”，并通过GIS分区统计计算

数据来自“中国陆地生态系统服务价值空间分布数据集”，并通过GIS分区统计计算

数据来自“中国陆地生态系统服务价值空间分布数据集”，并通过GIS分区统计计算

数据来自“中国陆地生态系统服务价值空间分布数据集”，并通过GIS分区统计计算

生态效率 产出与投入的比值。其中“产出”是指研究对象提供的服务价值；“投入”是指企业生产或经济体消耗的资源和能源及它们所造成的环境负荷。通过生态系统服务价值产出扣除污染处理成本与资源投入的比值计算。

经济效率 指在一定经济成本的基础上所能获得的经济收益，通过场地农业旅游等经济收益与资源投入的比值计算。

数据来源：徐新良. 中国陆地生态系统服务价值空间分布数据集. 中国科学院资源环境科学数据中心数据注册与出版系统[OB/OL] http://www.resdc.cn/DOI.
资源投入数据来源于：安徽统计年鉴[M]. 北京：中国统计出版社，2020.
黄山统计年鉴[Z]. 黄山：黄山市统计局，2020.

数据准备

种类	种植时间												农药化肥投入 / 年		
类型	1月	2月	3月	4月	5月	6月	7月	8月	9月	10月	11月	12月	氮 /（kg/ 亩）	磷 /（kg/ 亩）	钾 /（kg/ 亩）
土豆	播种	发芽		开花	结果								18	2.8	1.8
四季豆													14	5	8
韭菜													3	2.3	6
南瓜													2.3	7	3
玉米													31	16	23
莲藕													1.4	4	100
菠菜													2.3	4.5	1.8
水稻													32	11	16
大蒜													2.8	0.8	3
黄瓜													32	9	23
油菜花													12	0.3	9
番茄													40	9.2	19

农业效益统计表

农药排放			水资源投入	机械投入	人力投入	农业产量	
总氮淋失量 /（mg/L）	总磷淋失量 /（mg/L）	总钾淋失量 /（mg/L）	每月需灌溉水量 /（m^3/ 亩 · 年）	种苗 + 器械 + 烯料 / 元	人工费 / 元	产量 /（斤 / 亩）	农田收益 /（元 / 亩 · 年）
1.9	0.05	0.05	100	200	400	2000 ~ 5000	2000 ~ 4000
1.8	0.15	0.13	300	600	800	1500 ~ 2000	3000 ~ 4000
1.6	0.12	0.15	400	600	800	3000 ~ 6000	3000 ~ 1200
1.8	0.12	0.26	100	800	900	1000 ~ 2000	600 ~ 1000
4.5	0.5	0.3	200	500	500	500 ~ 1000	200 ~ 1000
0.4	0.3	13	800	3200	1600	1500 ~ 2000	2000 ~ 4000
1.5	0.25	0.19	300	3000	1000	3000 ~ 5000	2000 ~ 8000
2.3	0.08	0.19	500	750	350	500 ~ 1000	750 ~ 1500
0.5	0.1	0.05	100	2000	1000	1500 ~ 2000	800 ~ 1500
1.8	0.14	0.16	400	1300	700	7000 ~ 11000	4000 ~ 7000
1.6	0.05	0.21	200	600	500	300 ~ 500	900 ~ 1500
4	0.1	2.3	350	1600	800	800 ~ 1500	1600 ~ 2000

注：1斤=500g。

场地的土地、人工、肥料、机械、农药等投入都呈逐渐增加的趋势。
除水利设施建设持续增加外，其他投入近年来逐渐变缓或下降。
场地的农业产值近年来一直呈增加的趋势。

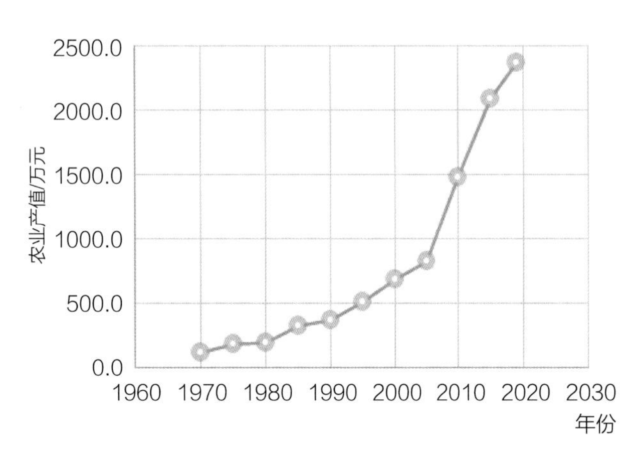

农业产值/万元
2500.0
2000.0
1500.0
1000.0
500.0
0.0
1960 1970 1980 1990 2000 2010 2020 2030
年份

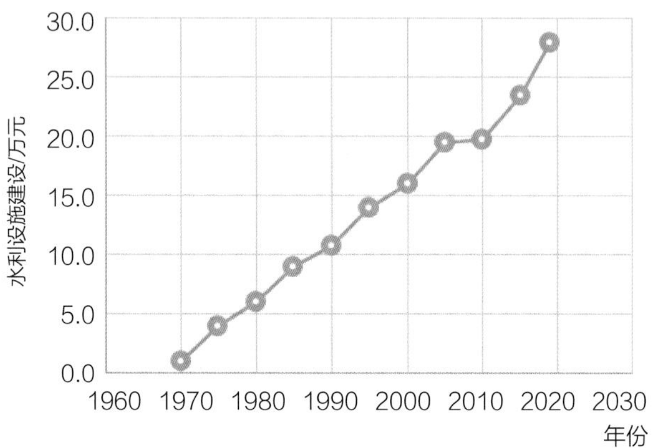

水利设施建设/万元
30.0
25.0
20.0
15.0
10.0
5.0
0.0
1960 1970 1980 1990 2000 2010 2020 2030
年份

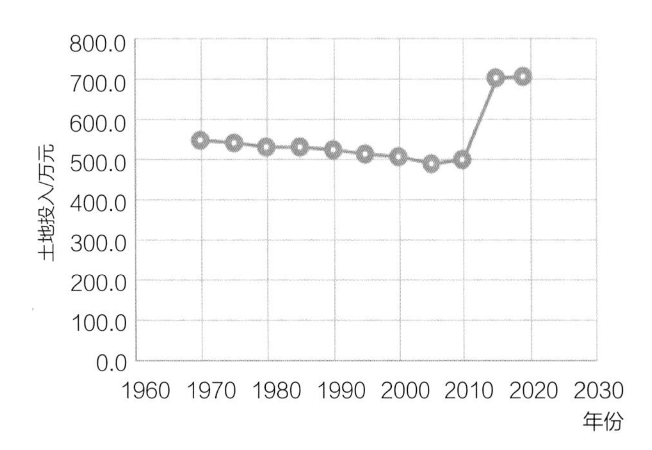

土地投入/万元
800.0
700.0
600.0
500.0
400.0
300.0
200.0
100.0
0.0
1960 1970 1980 1990 2000 2010 2020 2030
年份

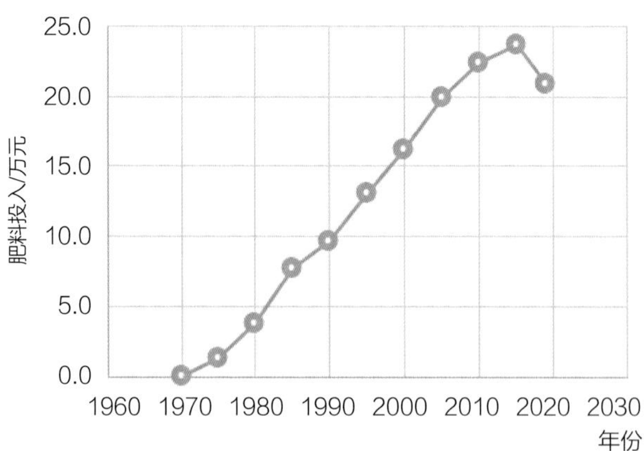

肥料投入/万元
25.0
20.0
15.0
10.0
5.0
0.0
1960 1970 1980 1990 2000 2010 2020 2030
年份

1969年，农田投入主要以土地和人力投入为主。

近年来，农业机械化生产在一定程度上减少了人工投入。

农药、化肥的使用也增加了污染处理方面的投入，到2019年，污染处理方面的投入占总投入的7%。

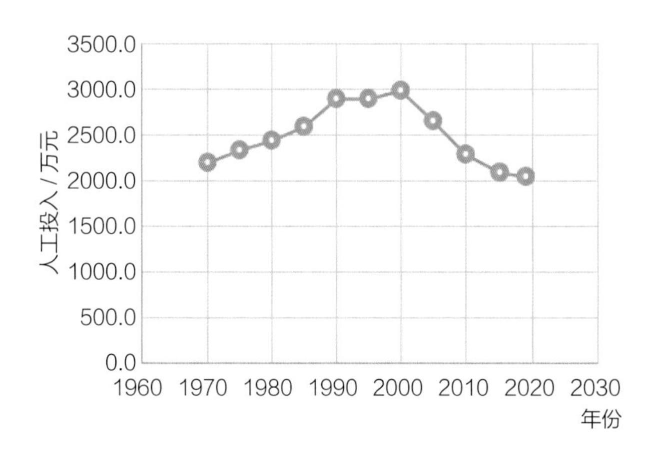

人工投入 / 万元
3500.0
3000.0
2500.0
2000.0
1500.0
1000.0
500.0
0.0
1960 1970 1980 1990 2000 2010 2020 2030
年份

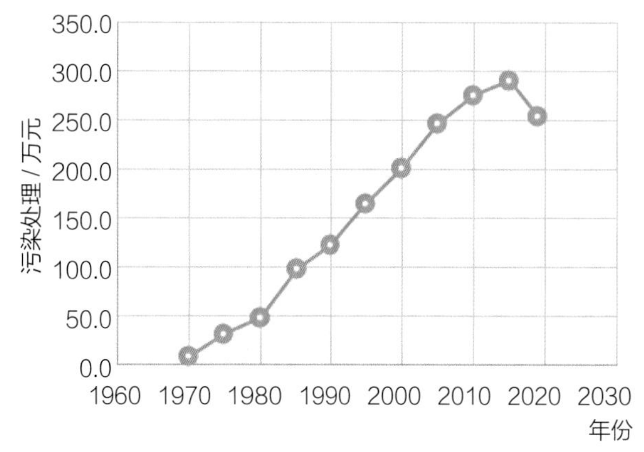

污染处理 / 万元
350.0
300.0
250.0
200.0
150.0
100.0
50.0
0.0
1960 1970 1980 1990 2000 2010 2020 2030
年份

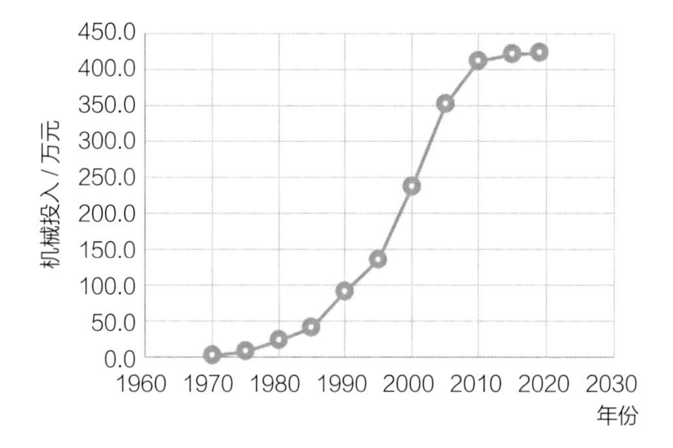

机械投入 / 万元
450.0
400.0
350.0
300.0
250.0
200.0
150.0
100.0
50.0
0.0
1960 1970 1980 1990 2000 2010 2020 2030
年份

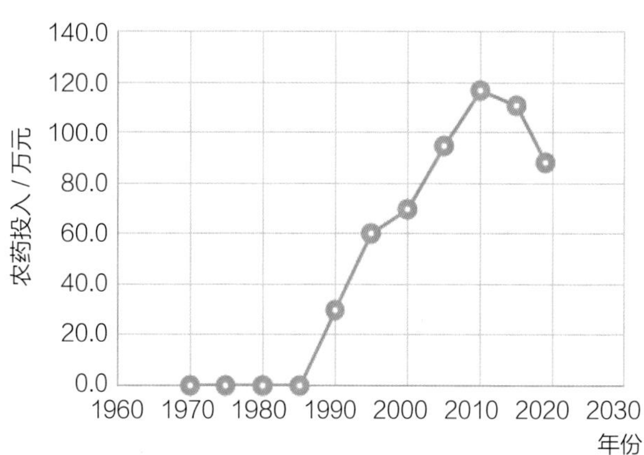

农药投入 / 万元
140.0
120.0
100.0
80.0
60.0
40.0
20.0
0.0
1960 1970 1980 1990 2000 2010 2020 2030
年份

近年来，生态农业效率显著提高，但是生态农业效率仍旧较低。未来，应提高其他方面的农田生态系统服务产出；同时，减少污染处理、人工方面的投入，提升生态农业效率。

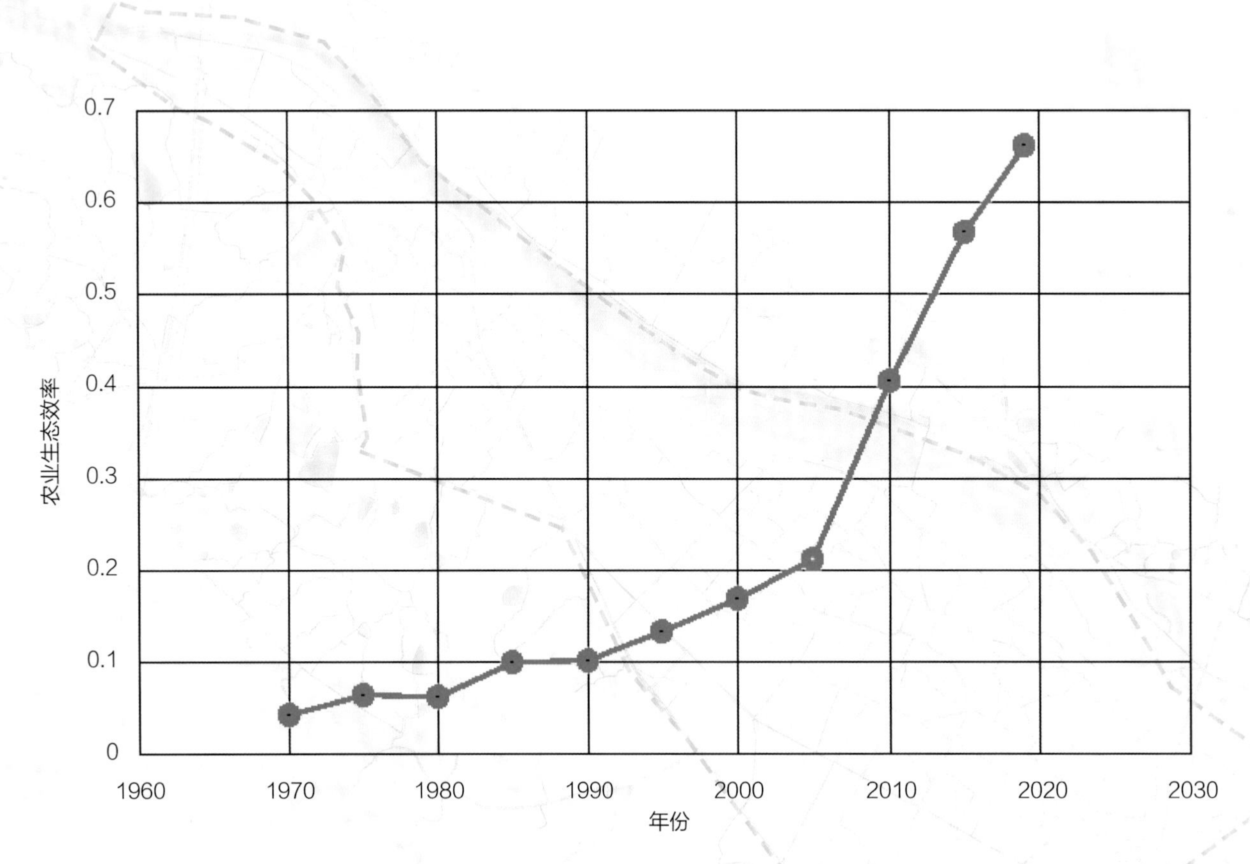
0.7
0.6
0.5
0.4
0.3
0.2
0.1
0
农业生态效率
1960
1970
1980
1990
2000
2010
2020
2030
年份

农业生态效率图

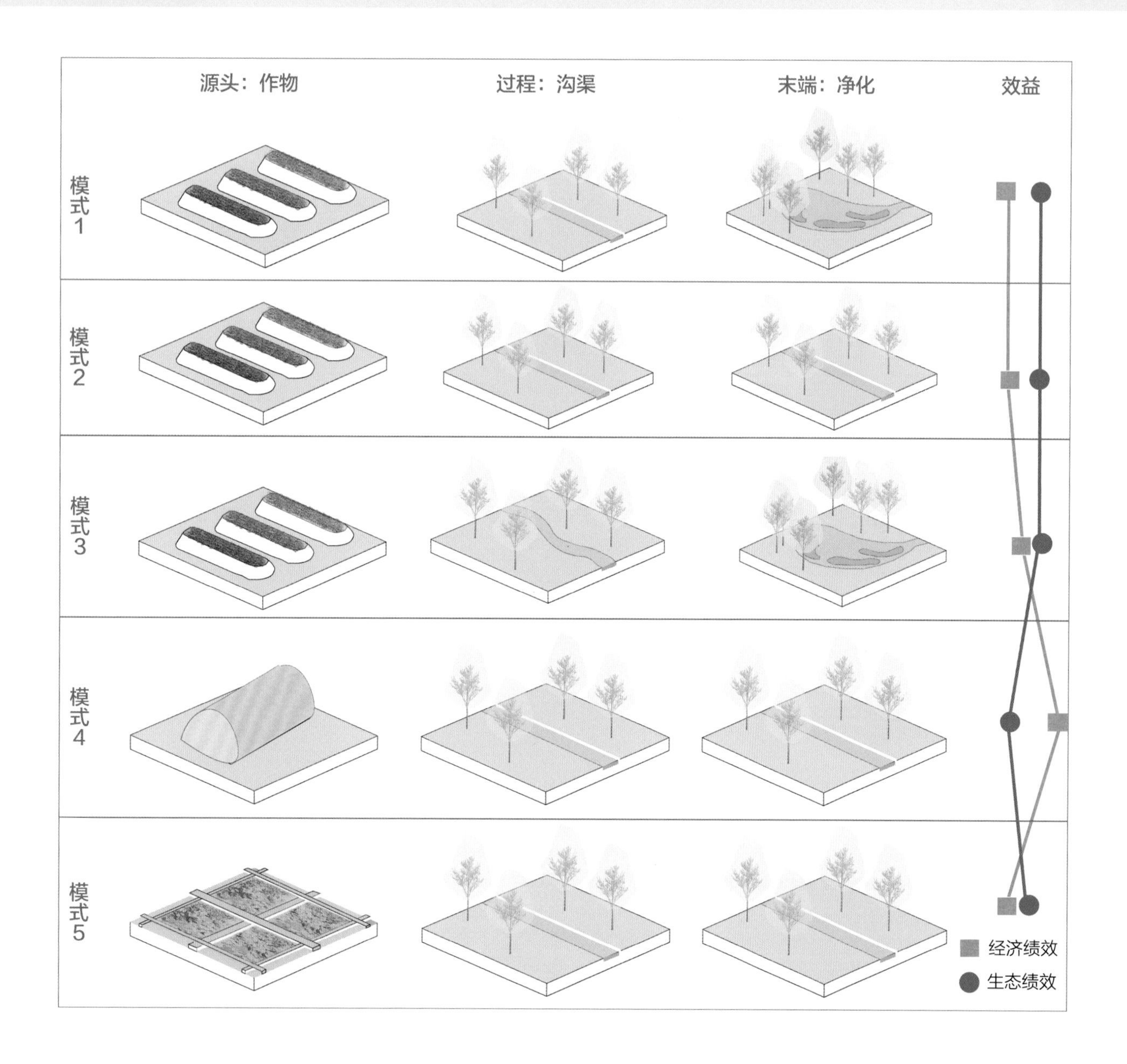
源头：作物
过程：沟渠
末端：净化
效益
模式1
模式2
模式3
模式4
模式5
经济绩效
生态绩效

景观
对策

改变

情景模拟和策略

- 情景模拟
- 优化策略
- 海绵模块设计

情景模拟

Scenario Simulation

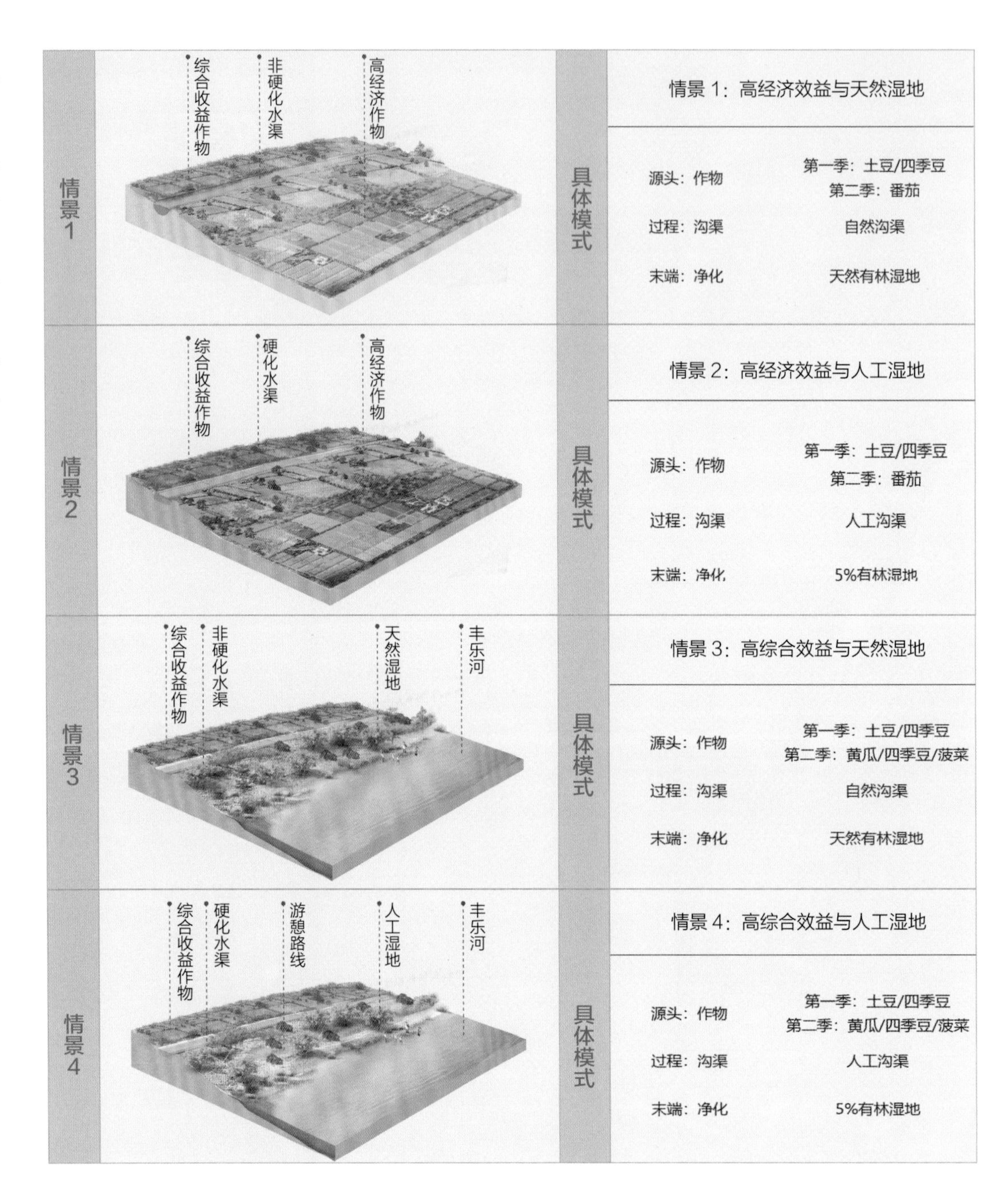

情景1
综合收益作物
非硬化水渠
高经济作物
具体模式
情景 1：高经济效益与天然湿地
源头：作物
第一季：土豆/四季豆
第二季：番茄
过程：沟渠
自然沟渠
末端：净化
天然有林湿地
情景2
综合收益作物
硬化水渠
高经济作物
具体模式
情景 2：高经济效益与人工湿地
源头：作物
第一季：土豆/四季豆
第二季：番茄
过程：沟渠
人工沟渠
末端：净化
5%有林湿地
情景3
综合收益作物
非硬化水渠
天然湿地
丰乐河
具体模式
情景 3：高综合效益与天然湿地
源头：作物
第一季：土豆/四季豆
第二季：黄瓜/四季豆/菠菜
过程：沟渠
自然沟渠
末端：净化
天然有林湿地
情景4
综合收益作物
硬化水渠
游憩路线
人工湿地
丰乐河
具体模式
情景 4：高综合效益与人工湿地
源头：作物
第一季：土豆/四季豆
第二季：黄瓜/四季豆/菠菜
过程：沟渠
人工沟渠
末端：净化
5%有林湿地

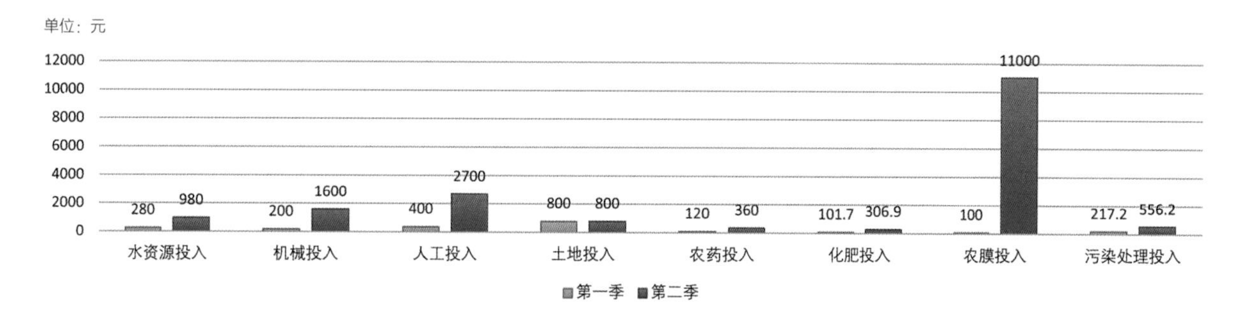

单位：元
12000
10000
8000
6000
4000
2000
0
280
980
200
1600
400
2700
800
800
120
360
101.7
306.9
100
11000
217.2
556.2
水资源投入
机械投入
人工投入
土地投入
农药投入
化肥投入
农膜投入
污染处理投入
第一季
第二季

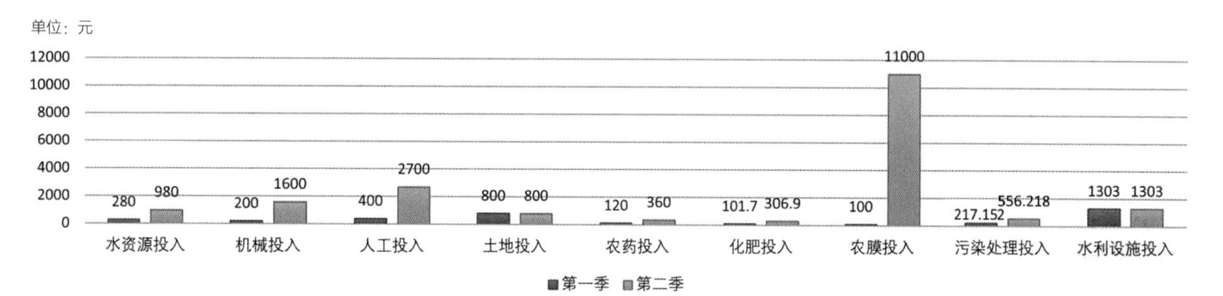

单位：元
12000
10000
8000
6000
4000
2000
0
280
980
200
1600
400
2700
800
800
120
360
101.7
306.9
100
11000
217.152
556.218
1303
1303
水资源投入
机械投入
人工投入
土地投入
农药投入
化肥投入
农膜投入
污染处理投入
水利设施投入
第一季
第二季

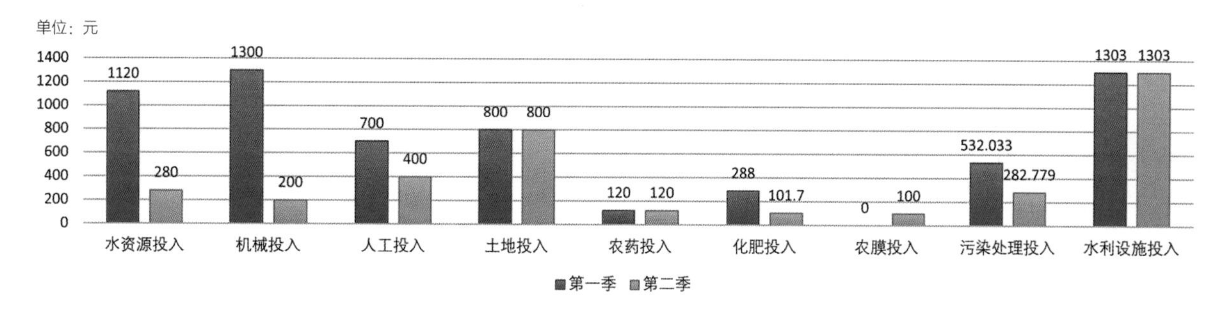

单位：元
1400
1200
1000
800
600
400
200
0
1120
280
1300
200
700
400
800
800
120
120
288
101.7
0
100
532.033
282.779
1303
1303
水资源投入
机械投入
人工投入
土地投入
农药投入
化肥投入
农膜投入
污染处理投入
水利设施投入
第一季
第二季

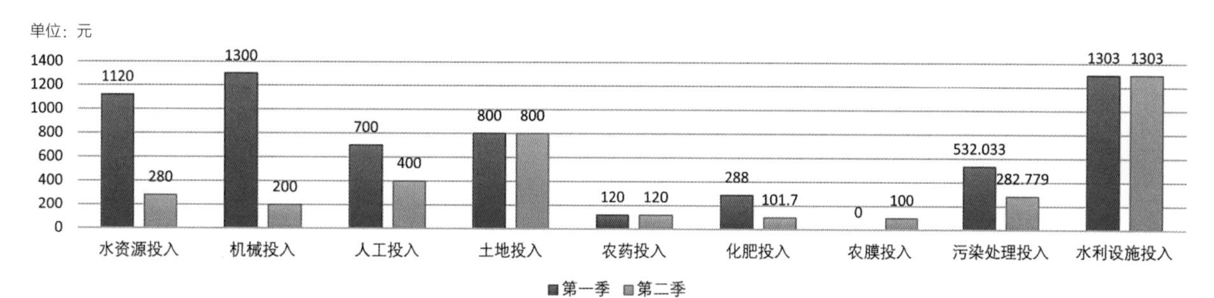

单位：元
1400
1200
1000
800
600
400
200
0
1120
280
1300
200
700
400
800
800
120
120
288
101.7
0
100
532.033
282.779
1303
1303
水资源投入
机械投入
人工投入
土地投入
农药投入
化肥投入
农膜投入
污染处理投入
水利设施投入
第一季
第二季

投入成本明细图

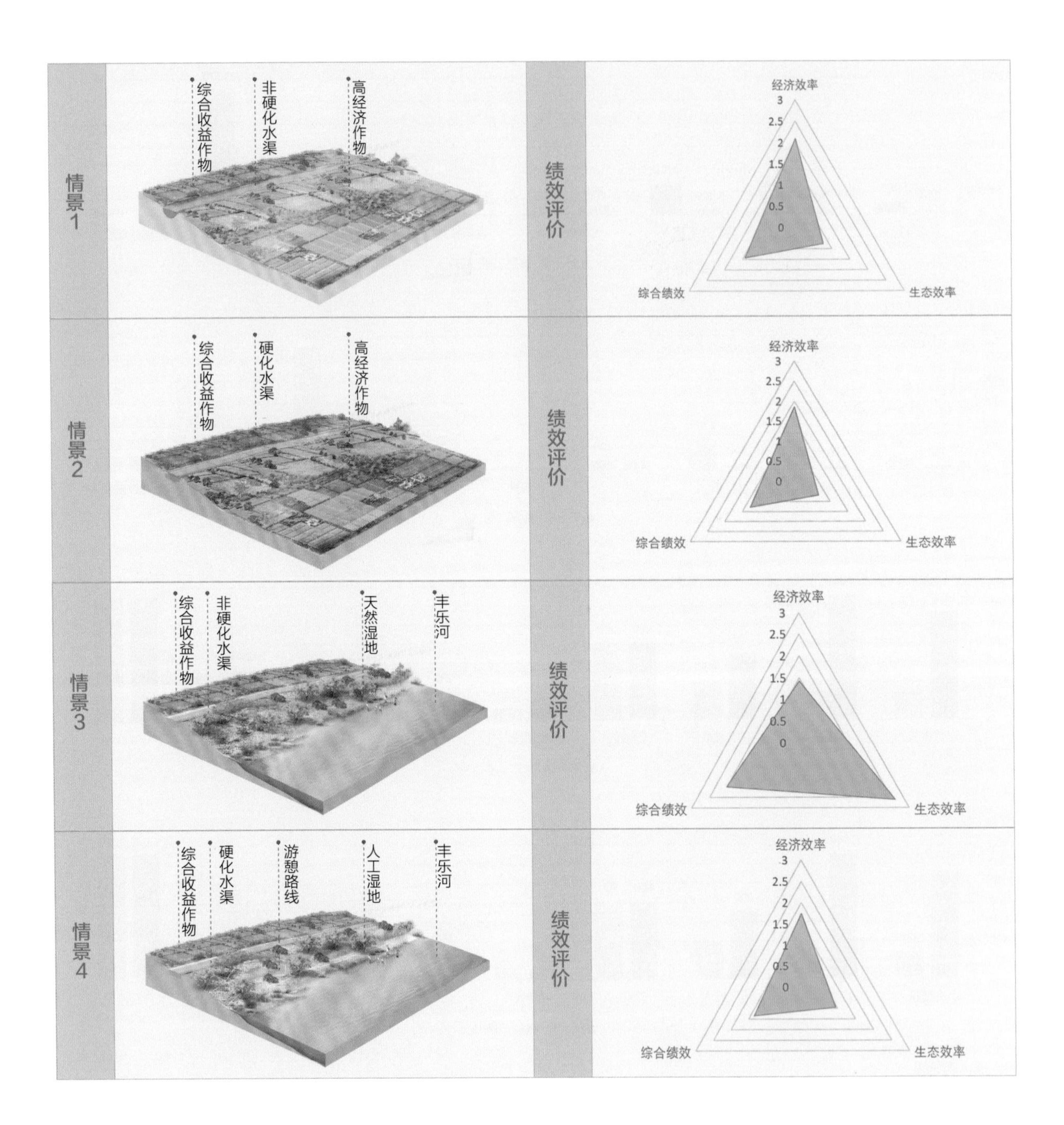
情景1
综合收益作物
非硬化水渠
高经济作物
绩效评价
经济效率
3
2.5
2
1.5
1
0.5
0
综合绩效
生态效率
情景2
综合收益作物
硬化水渠
高经济作物
绩效评价
经济效率
3
2.5
2
1.5
1
0.5
0
综合绩效
生态效率
情景3
综合收益作物
非硬化水渠
天然湿地
丰乐河
绩效评价
经济效率
3
2.5
2
1.5
1
0.5
0
综合绩效
生态效率
情景4
综合收益作物
硬化水渠
游憩路线
人工湿地
丰乐河
绩效评价
经济效率
3
2.5
2
1.5
1
0.5
0
综合绩效
生态效率

集水区选址	未来发展方向	未来待加强方向
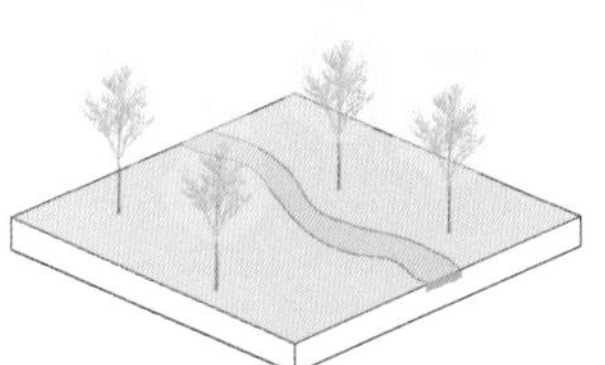 现状为自然沟渠或湿地，区位较好，生态敏感性较低的区域。	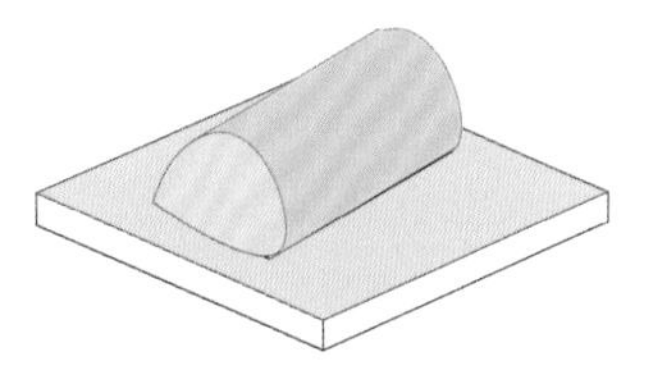 在保障现状自然条件的基础上，以经济收益为主。	水文调节 环境净化  水污染处理 生物多样性 营养物质循环 土壤污染处理 气候调节 土壤保持 生态效率 美学景观 气体调节 挖掘和提升其他生态系统服务，注重避免土壤和水体污染，以提升场地的综合收益。
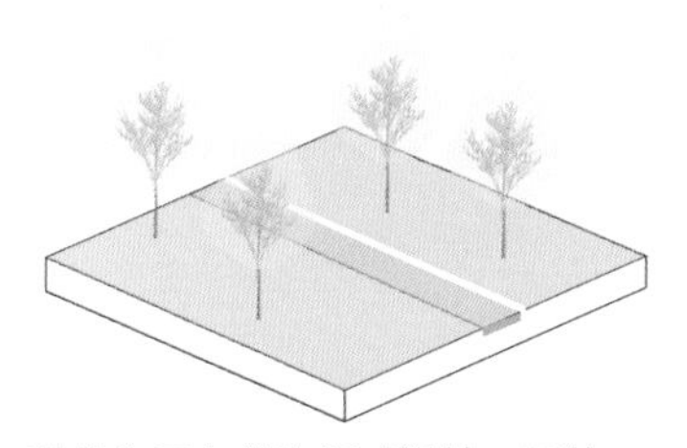 现状为无自然沟渠或湿地，区位较好，生态敏感性较低的区域。	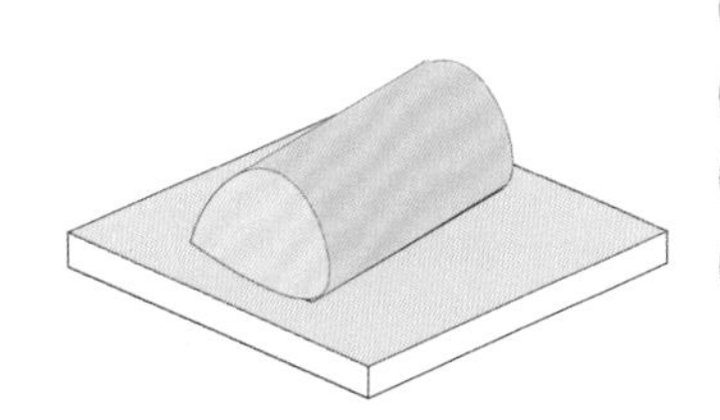 发展经济收益。	水文调节 环境净化 生态效率 生物多样性 营养物质循环 气候调节 土壤保持 美学景观  气体调节 挖掘和提升其他生态系统服务，以提升场地的综合收益。
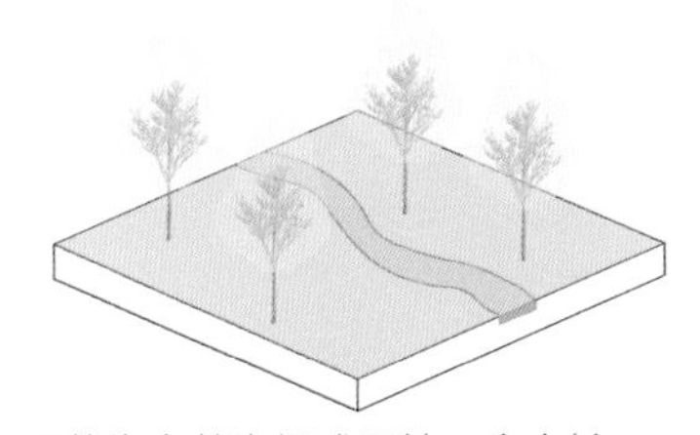 现状为自然沟渠或湿地，生态敏感性较高的区域。	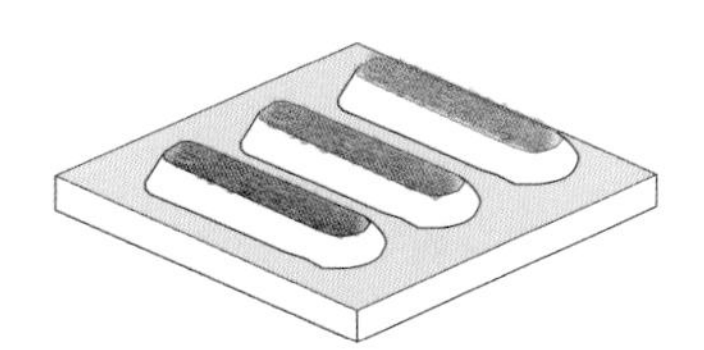 保障现状自然条件的基础上，发展综合收益。	水文调节 环境净化 生物多样性 营养物质循环 气候调节 土壤保持 美学景观 气体调节 在保障现状自然条件的基础上，可适当融入文化游憩、教育等服务，增加经济收益。
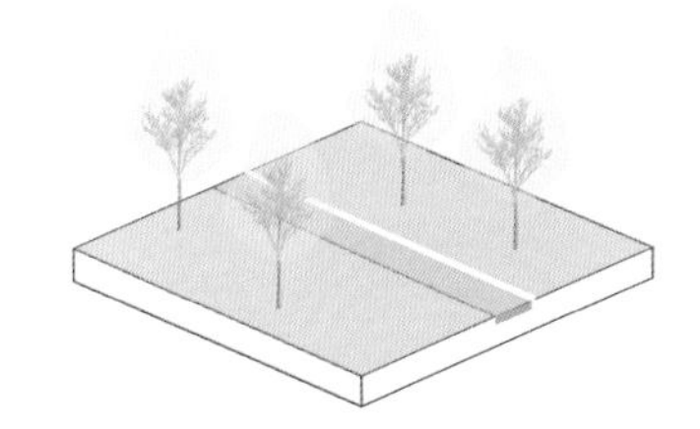 现状为无自然沟渠或湿地，生态敏感性较高的区域。	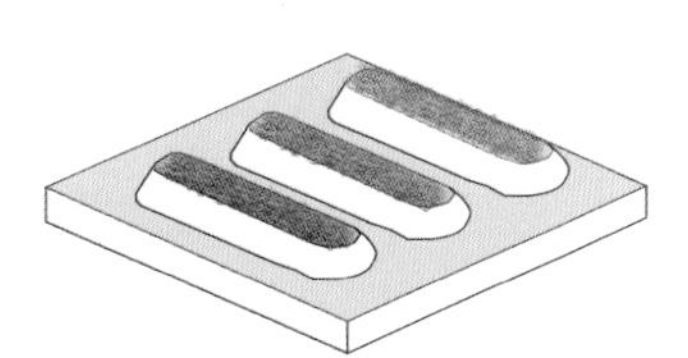 发展综合收益。	水文调节 环境净化 生物多样性 营养物质循环 气候调节 土壤保持 美学景观 气体调节 维持生态系统服务现状，以保护为主，降低开发强度。

优化策略

Optimization strategy

水生态系统治理

河道、池塘以及灌溉沟渠在乡村景观中扮演着至关重要的角色。现状的水系生态环境恶劣，水体污染严重。

针对以上情况，设计提出恢复水环境生态系统的策略。

梳理水流路径

对场地内的河道、沟渠及水系进行清淤治理，还原原始河道、沟渠以及乡村水系。构建灌溉河—渠—塘多层级化水系网络，利用自然做功。

三阶段污染治理

分三个阶段进行污染治理。分别是源头控制、过程拦截、终端消解。

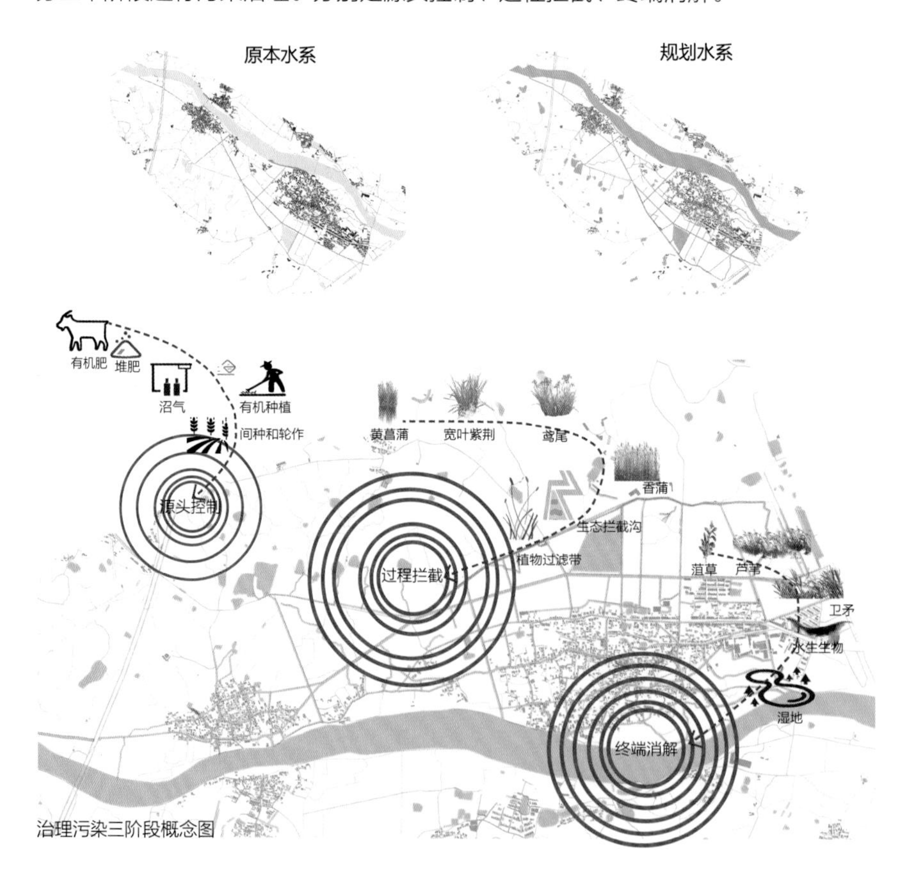
原本水系
规划水系
有机肥
堆肥
沼气
有机种植
间种和轮作
源头控制
黄菖蒲
宽叶紫荆
鸢尾
香蒲
生态拦截沟
植物过滤带
过程拦截
菹草
芦苇
卫矛
水生生物
湿地
终端消解

治理污染三阶段概念图

水生态系统治理三阶段

源头控制

过程拦截

终端消解

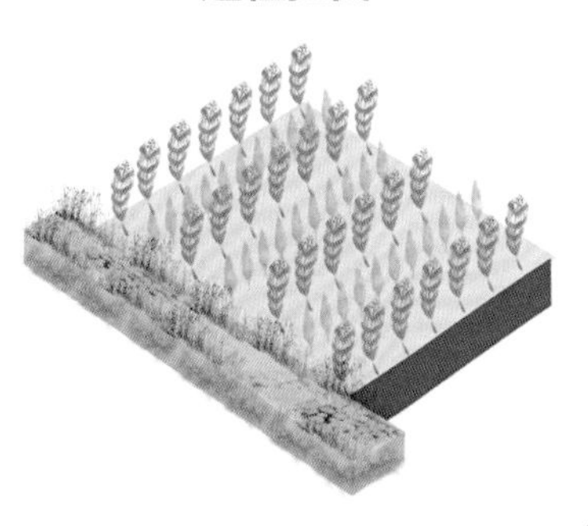

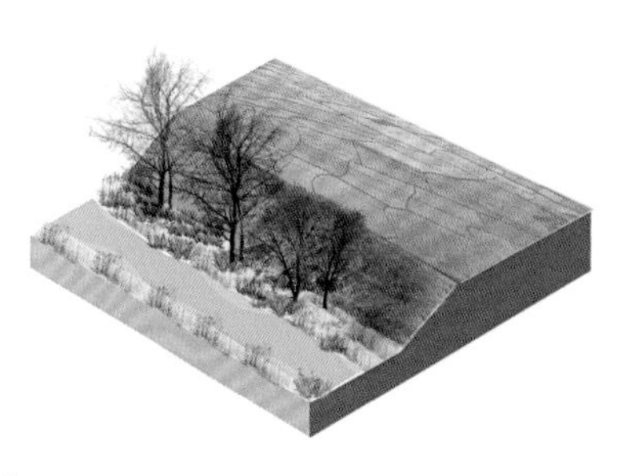

有机种植

只施用有机肥；病虫害防治以生物和物理防治为主，并辅以生物药剂防治。

生态沟渠

由沟渠、基质和植物组成，是具有河流和湿地双重特征的小型半自然化的水文生态系统，拦截农田排水中的氮。

自然河岸

主要由挺水植物和浮水植物构成，利用植物生长吸收污染物，还与微生物、环境介质共同作用，固定、截留氮磷等污染物。

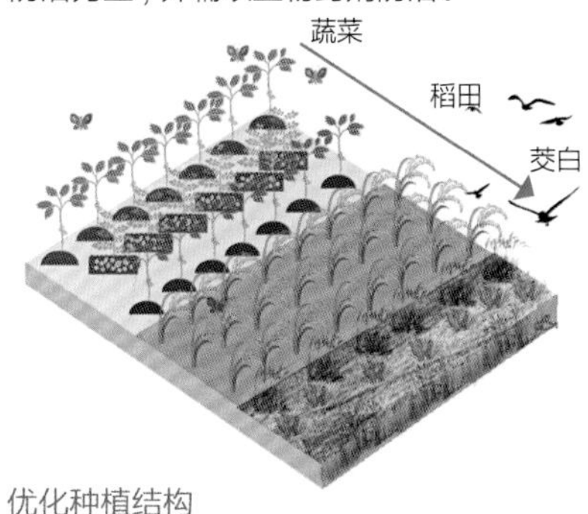
蔬菜
稻田
茭白

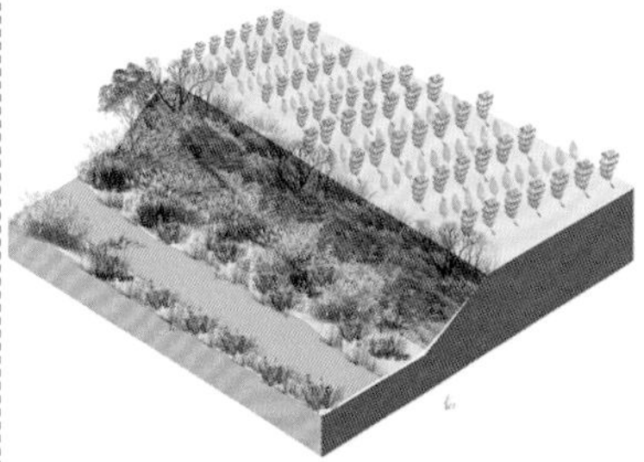

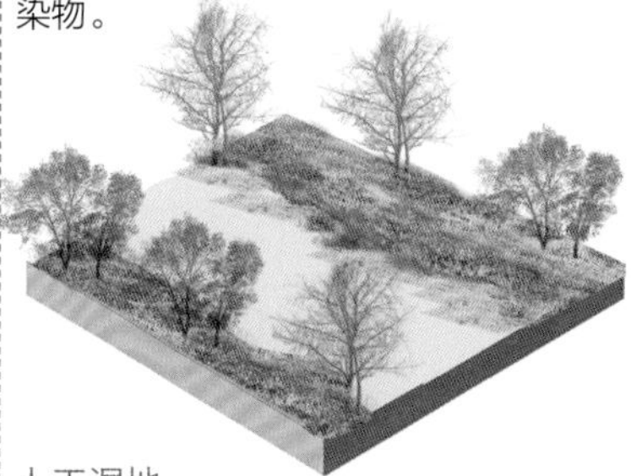

优化种植结构

实行间作和轮作的种植方式，利用蔬菜地（旱地）—稻田—茭白系统、蔬菜—稻田系统、桑园—稻田系统和蔬菜地—（多）水塘系统可明显减少氮流失。

植物缓冲带

由植物组成生态系统，通过植物生长吸收、输送、溶解氧，提供生物栖息地，疏松土壤，滞缓径流，调节微气候等功能来实现面源污染防治和生态恢复。

人工湿地

建立初级人工湿地，水深大概 40cm，由水和漂浮植物组成，能够立即吸收和分解污染物。

农业污染治理示意图

优化种植结构

间作

间作是在同一田地上于同一生长期内，分行或分带相间种植两种或两种以上作物的种植方式，也叫夹作、间种。特点是利用空间时间互补、边际效益、化感效应等生态多样性效益得到资源高效利用、提高生产力、控制病虫害等效益。

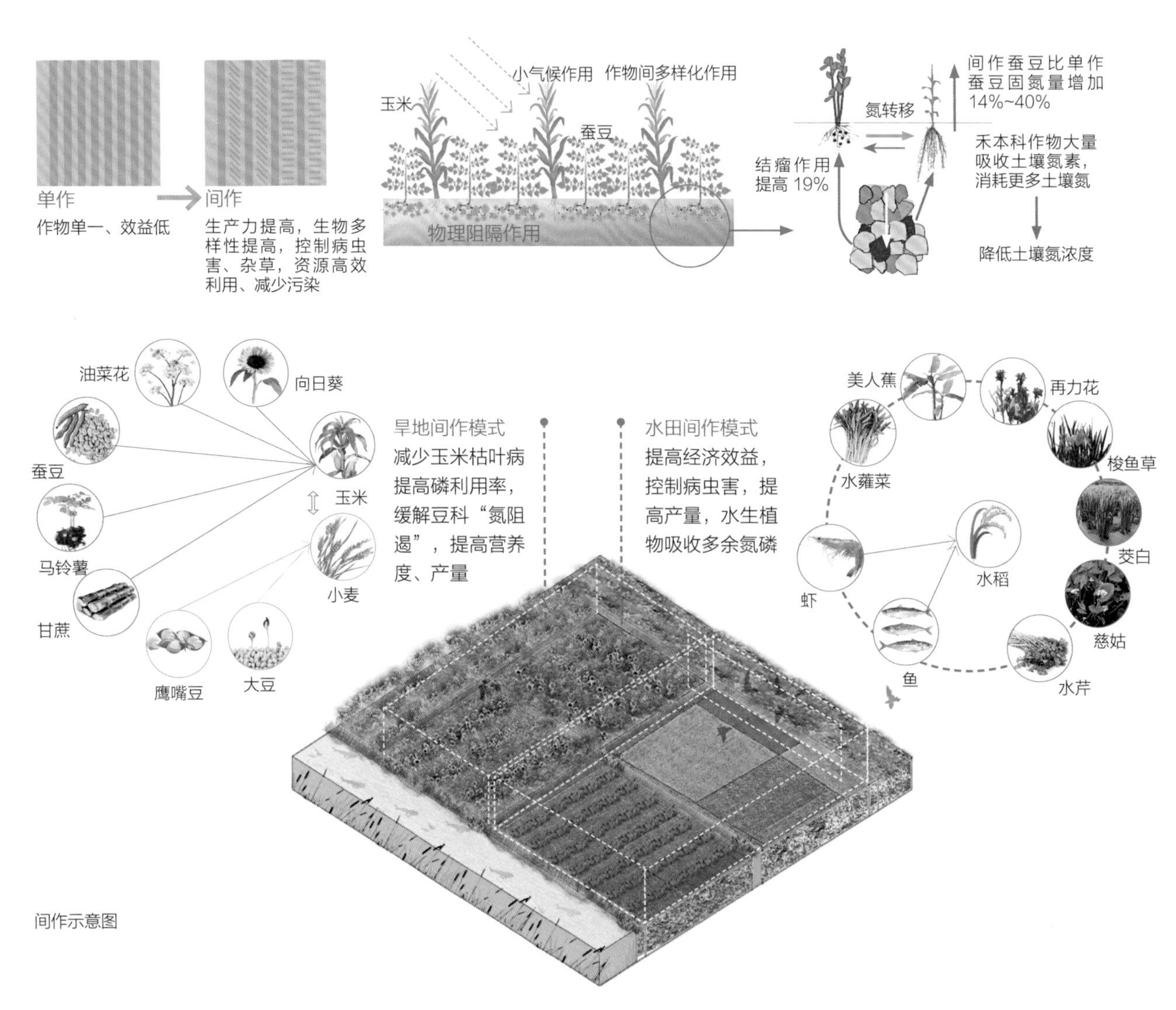

单作
作物单一、效益低
间作
生产力提高，生物多样性提高，控制病虫害、杂草，资源高效利用、减少污染
小气候作用
作物间多样化作用
玉米
蚕豆
物理阻隔作用
氮转移
间作蚕豆比单作蚕豆固氮量增加14%~40%
结瘤作用提高19%
禾本科作物大量吸收土壤氮素，消耗更多土壤氮
降低土壤氮浓度
油菜花
向日葵
蚕豆
玉米
马铃薯
小麦
甘蔗
鹰嘴豆
大豆
旱地间作模式
减少玉米枯叶病
提高磷利用率，
缓解豆科“氮阻遏”，提高营养度、产量
水田间作模式
提高经济效益，控制病虫害，提高产量，水生植物吸收多余氮磷
美人蕉
再力花
水蕹菜
梭鱼草
茭白
虾
水稻
鱼
慈姑
水芹

间作示意图

乡土物种与污染治理

研究分析本土植物，合理利用当地优势品种，营造多种栖息地，包括林地、农田和湿地，优化河岸生态系统，进一步提高生物群落的生态价值和稳定性。

植物在农业面源污染治理过程中发挥着重要的作用，通过自身生长吸收一部分污染物，还可与微生物、环境介质共作用固定、截留一部分污染物，或加速水体中氮、磷界面交换和传递，从而使氮、磷含量快速减少。

农业面源污染治理的植物选择原则：

- 选择具有生命力强、对环境适应性好、根系发达、生物量大、生长迅速等特点的植物。
- 为避免外来物种入侵，应选择乡土物种。
- 应结合农业生产实际或周边环境特性选择植物。

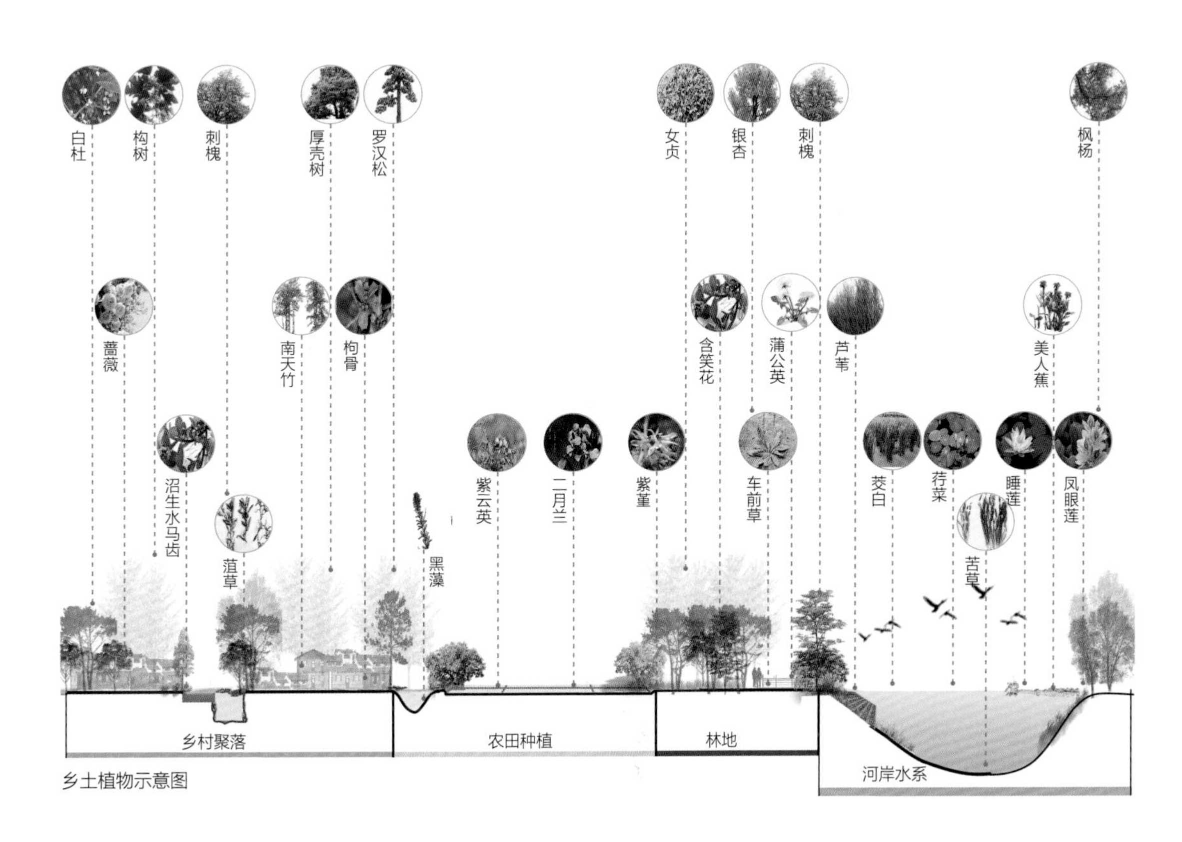
白杜
构树
刺槐
厚壳树
罗汉松
女贞
银杏
刺槐
枫杨
蔷薇
南天竹
枸骨
含笑花
蒲公英
芦苇
美人蕉
沼生水马齿
菹草
黑藻
紫云英
二月兰
紫堇
车前草
茭白
荇菜
睡莲
凤眼莲
苦草
乡村聚落
农田种植
林地
河岸水系
乡土植物示意图

过程阻断原理分析

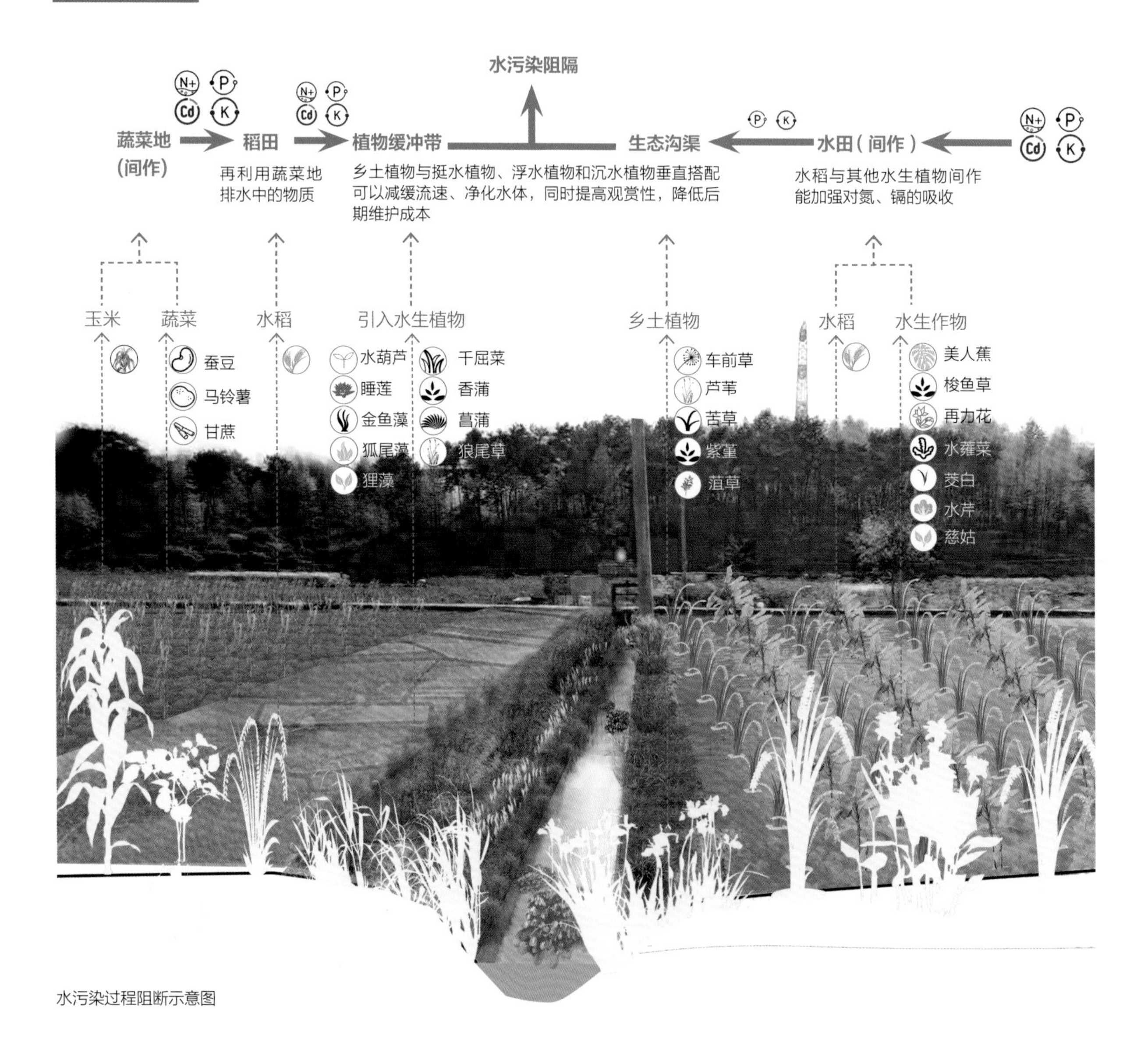

水污染阻隔
蔬菜地（间作）
稻田
再利用蔬菜地排水中的物质
植物缓冲带
乡土植物与挺水植物、浮水植物和沉水植物垂直搭配可以减缓流速、净化水体，同时提高观赏性，降低后期维护成本
生态沟渠
水田（间作）
水稻与其他水生植物间作能加强对氮、镉的吸收
N+
P
Cd
K
玉米
蔬菜
蚕豆
马铃薯
甘蔗
水稻
引入水生植物
水葫芦
睡莲
金鱼藻
狐尾藻
狸藻
千屈菜
香蒲
菖蒲
狼尾草
乡土植物
车前草
芦苇
苦草
紫堇
菹草
水稻
水生作物
美人蕉
梭鱼草
再力花
水蕹菜
茭白
水芹
慈姑

水污染过程阻断示意图

终端消解分析

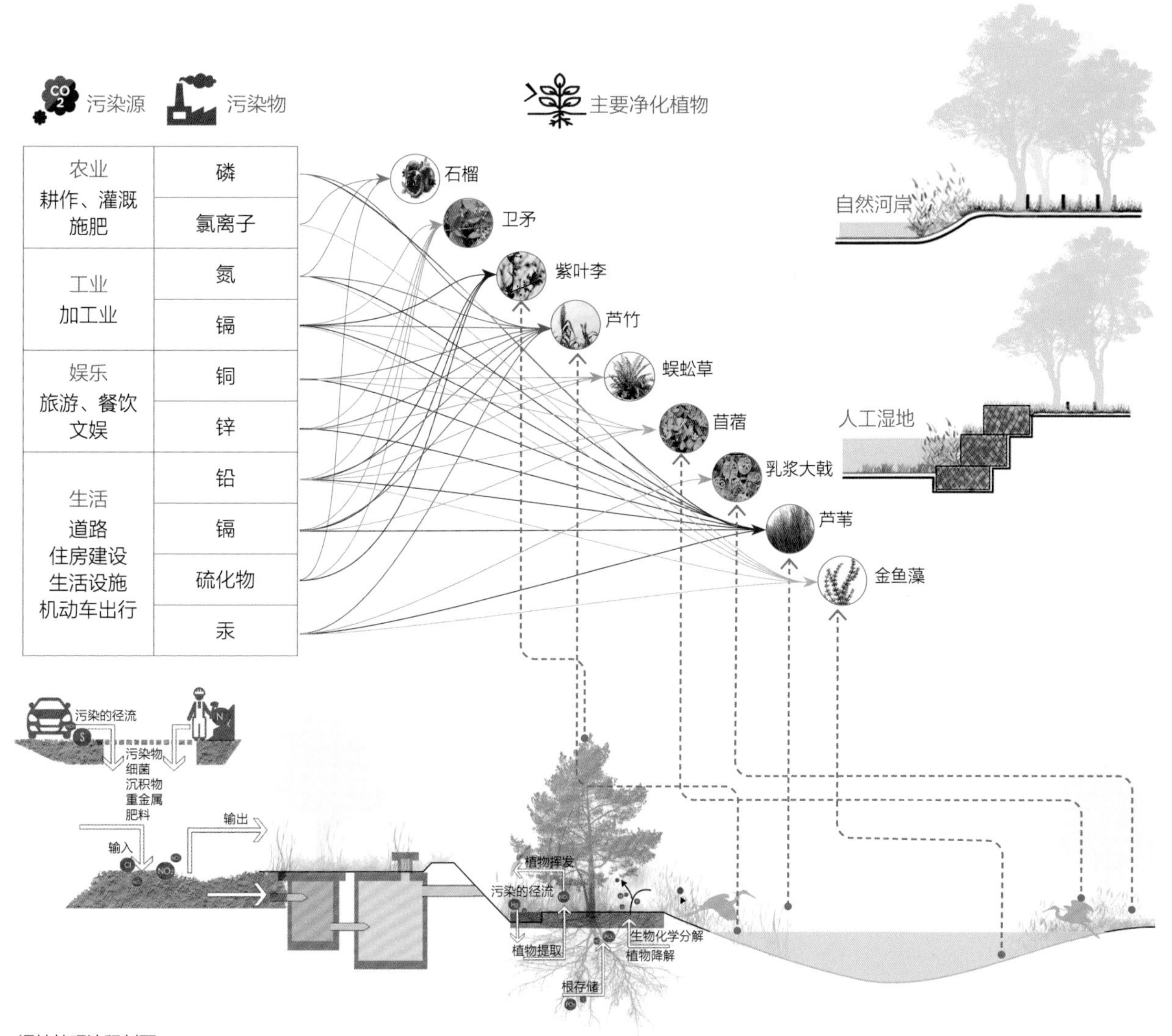

污染源
污染物
主要净化植物
农业
耕作、灌溉
施肥
工业
加工业
娱乐
旅游、餐饮
文娱
生活
道路
住房建设
生活设施
机动车出行
磷
氯离子
氮
镉
铜
锌
铅
镉
硫化物
汞
石榴
卫矛
紫叶李
芦竹
蜈蚣草
苜蓿
乳浆大戟
芦苇
金鱼藻
自然河岸
人工湿地
污染的径流
污染物
细菌
沉积物
重金属
肥料
输入
输出
植物挥发
污染的径流
植物提取
根存储
生物化学分解
植物降解

湿地处理流程剖面

海绵模块设计

Design of Sponge Cells

基于海绵农田的设计概念

设计在海绵农业与碳中和农业的理论基础上，结合对场地的理解，得到以下“海绵农田”的设计思路。

模块尺度

通过对各模块的“源头控制”“中游干预”以及“下游缓解”三个方面进行“海绵模块”尺度的设计优化。

- 源头控制：通过种植结构改善与药肥过程优化，增强农田本身的自净能力，使农田要素更加多元。
- 中游干预：通过微流域、植物来拦截污染，减缓和过滤地表径流。
- 下游缓解：提出了一个末端净化策略，通过强化沟渠终端的植被修复，促进沉积过程，打造小海绵。

集水区尺度

在西溪南与石桥村落区域使水文化遗产游憩廊道与农业海绵水系统结合，以打造现代文明下的农业新田园。西溪南总体规划充分发挥文化遗产的经济价值，因此集水区尺度规划将：

- 结合西溪南总体规划，根据场地的经济条件与开发可行性，选择合适点位安放对应的模块类型，实现经济—生态的综合效益最大化。
- 梳理汇水路径，结合自然条件与聚落文化，形成独有的丰乐河沿岸水文化游憩线路。

流域尺度

结合“陂塘农业”与“文化遗产”研究，最终结合徽州区历史与现状，强化田园生态系统服务功能，包括物质循环、气体调节、生物多样性、游憩审美，打造碳氮中和理论下的新田园。

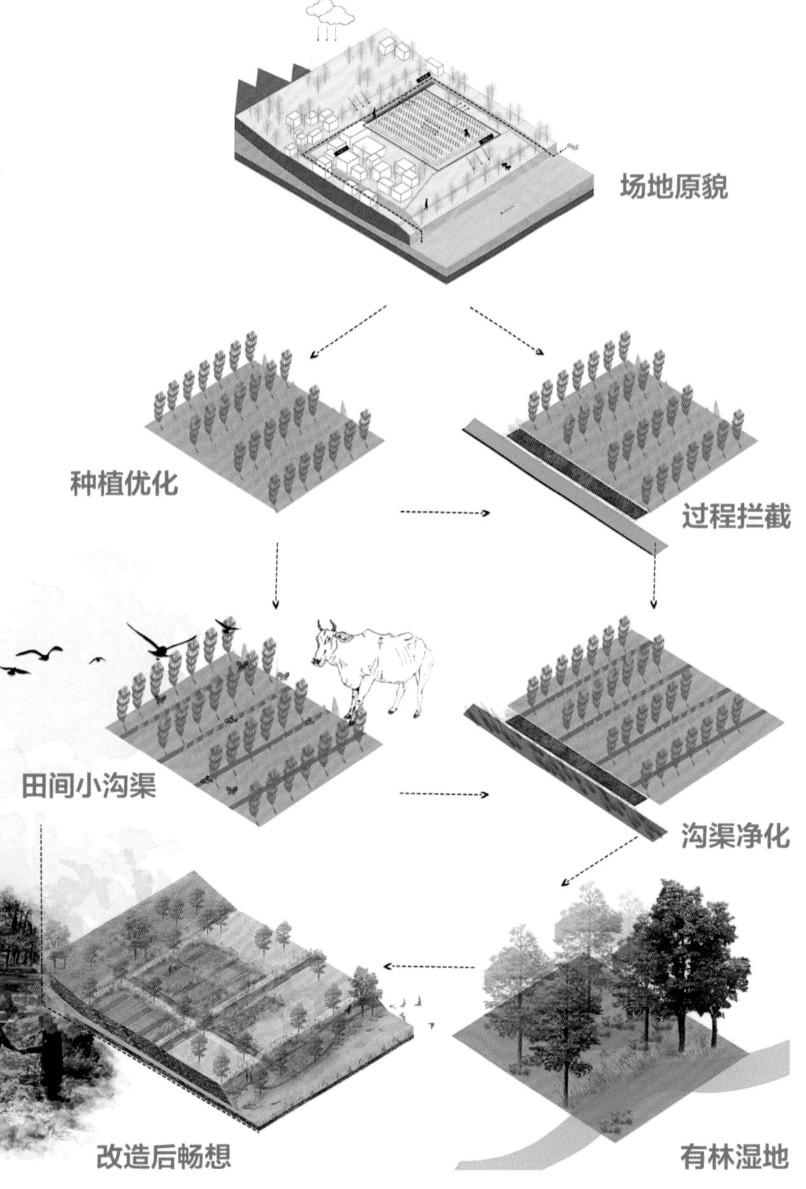
场地原貌
种植优化
过程拦截
田间小沟渠
沟渠净化
改造后畅想
有林湿地

设计

设计结合海绵理念、碳中和、生态农业等相关理论，与场地现状结合，通过源头的植物种植结构变化、中段的植物拦截作用恢复以及末端的湿地净化作用再现，在源头—过程—末端的排水过程中逐步消解农田面源污染。

5种类型根据其现状情况和改造潜力、成本等，结合绩效评价和情景，选择合适的改造策略，以最小的成本介入，实现不同类型的生态效益或综合效益最大化。

具体策略总结为以下几点：

过程阻断

1. 田垄的阻断功能
2. 田间小沟渠挖掘
3. 菹草保护与水草循环

源头控制

4. 旱地间作减肥固氮
5. 田—塘系统
6. 弃田变湿地

末端净化

7. 天然湿地保护
8. 人工湿地自然化
9. 石笼阶梯缓流
10. 河岸变植物“墙”

Ⅰ

类型Ⅰ　高地排水型

高综合效益与天然湿地改造。条陇埸本身水草丰盈，具有过程阻断的作用，因此类型Ⅰ的主要改造点为丰富林地的植被类型，形成乡土植物群落，并改善蔬菜田的种植结构。

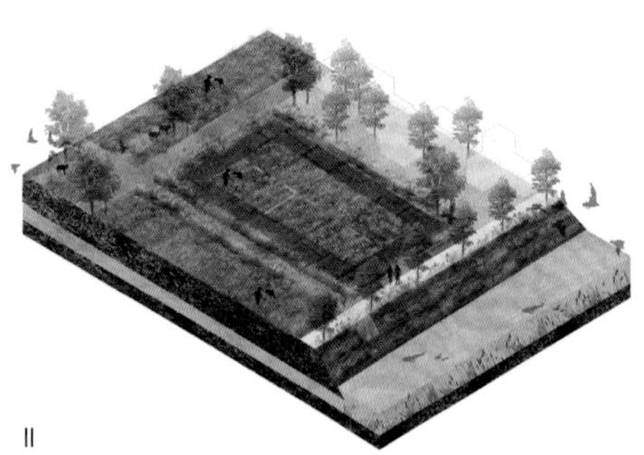

Ⅱ

类型Ⅱ　孔道连接型

高综合效益与人工湿地改造。通过改变种植结构，重塑田垄乡土植物群落和田间塘系统，在源头和过程阻断两个方面重点做功，同时尝试河岸的自然改造。

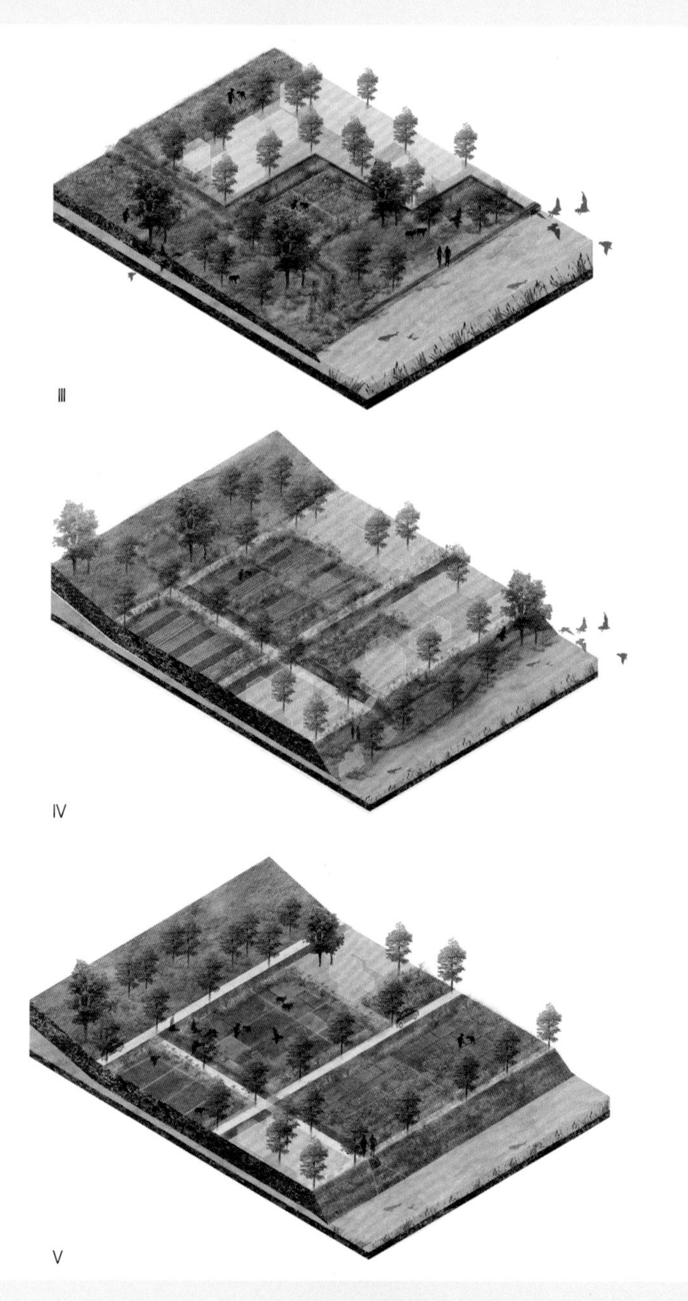

Ⅲ
Ⅳ
Ⅴ

类型Ⅲ　自然净化型

高综合效益与天然湿地改造。强化原本的自然湿地功能，并改善田块的种植结构。

类型Ⅳ　泄洪排水型（旱地）

高经济效益与人工湿地改造。通过恢复田间塘系统和恢复排水渠的三面自然属性，从源头和过程控制污染，并在终端强化现在消解污染的人工湿地，恢复乡土植物群落，让自然做功。

类型Ⅴ　泄洪排水型（水田）

高经济效益与人工湿地改造。改善水田种植方式，恢复塘的过渡，逐步形成田间湿地系统，水田污染实现一定程度的自我消解。

类型 | 设计

高综合效益与天然湿地改造。

❶ 保持条陇塥的过程阻断作用。

❷ 改善种植结构，如变成油菜—向日葵的间作农田，防治病虫害，减少农药使用，同时向日葵为重要蜜源植物，为西溪南“追花人”提供便利；玉米—四季豆间作，增加固氮，减少氮流失。

❸ 末端恢复天然有林湿地，通过乡土植物群落强化净化功能，同时恢复观赏性，与西溪南形成滨河游览的串联游线路。

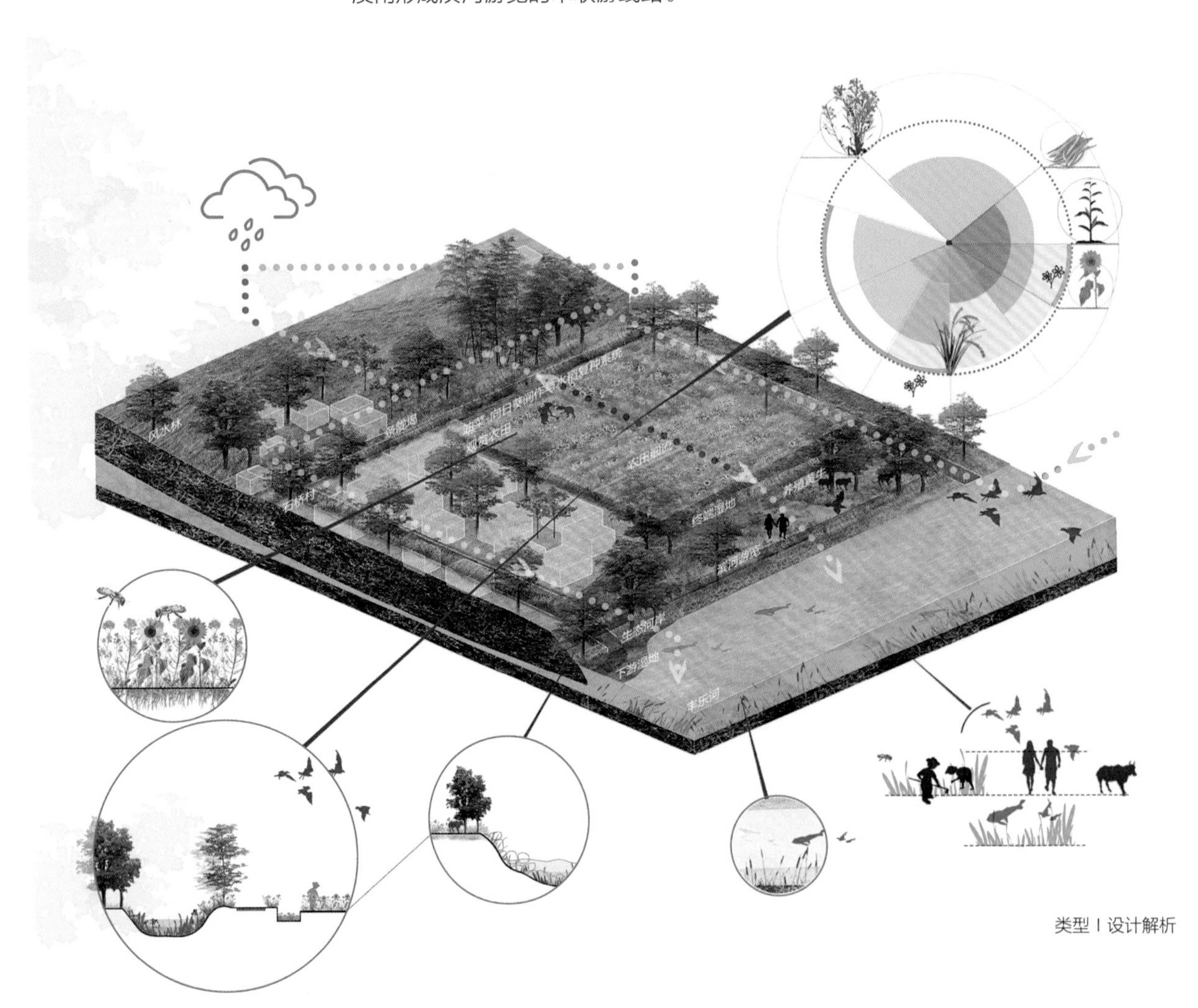

风水林
石桥村
观赏农田
农田细流
终端湿地
滨河游览
生态河岸
下游湿地
丰乐河

类型 | 设计解析

类型Ⅱ设计

高综合效益与人工湿地改造。

❶ 将田垄改造成植物拦截带，挖掘田间小沟渠，增加田间径流数量与径流内的植物丰富度，选择紫云英、地丁等陆生乡土植物与菹草、沼生水马齿等水生乡土植物；部分废弃的农田可逐渐形成小型湿地，起过程阻断作用。

❷ 改善种植结构，形成旱地—水田—茭白种植系统，利用乡土植物增加经济效益。稻田可以进一步发展，形成鱼稻、鸭稻系统，可提供氮肥，减少化肥使用，减少成本投入的同时增加经济收入。

❸ 末端改善河岸自然属性，种植乡土植物，恢复硬质河岸为生态河岸，尽可能阻断孔洞出口，将农田排水经过径流净化后导向两侧排水渠；同时排水渠出口利用阶梯设置石笼净水装置，种植乡土植物，减缓流速、净化水质。

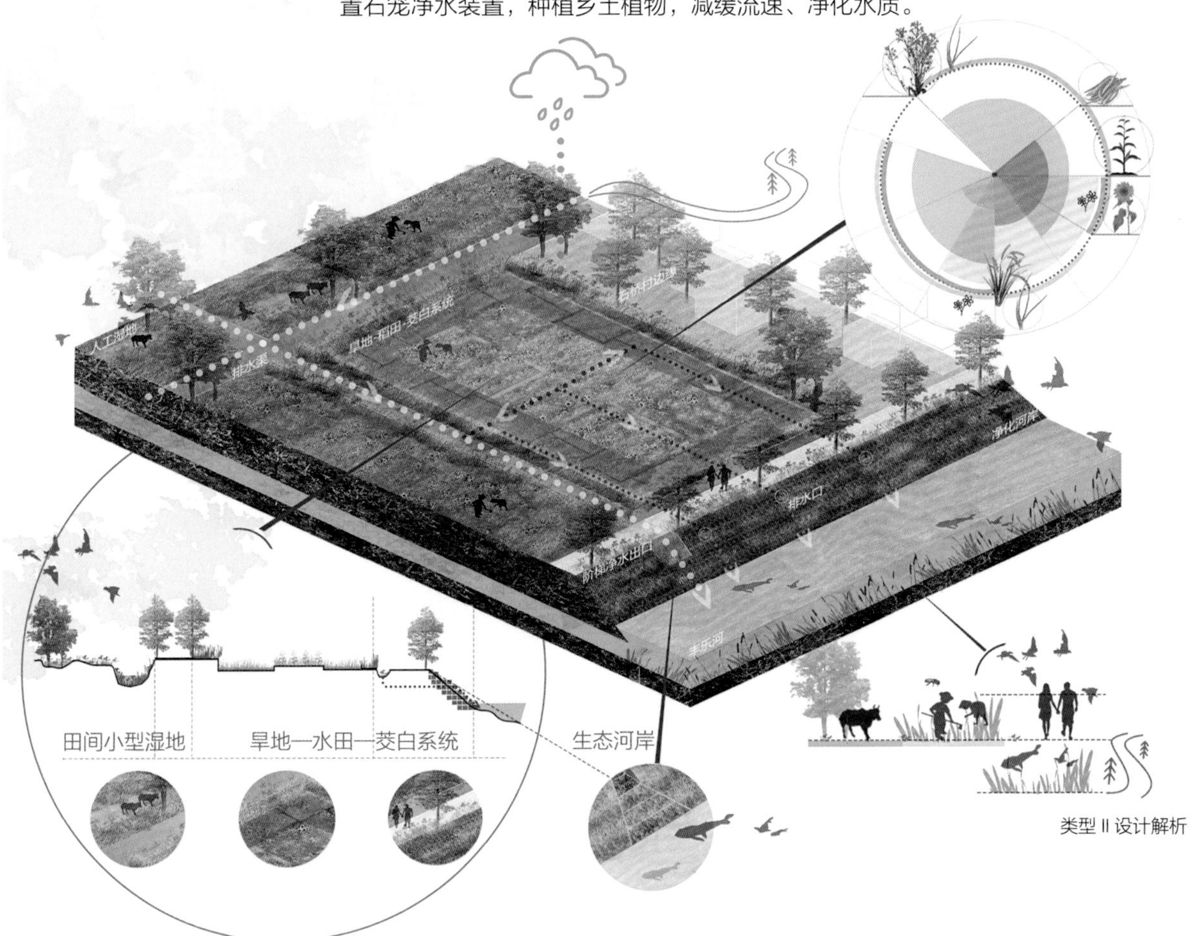

人工湿地
排水渠
旱地·稻田·茭白系统
净化河岸
排水口
阶梯净水出口
丰乐河
田间小型湿地
旱地—水田—茭白系统
生态河岸

类型Ⅱ设计解析

类型 Ⅲ 设计

高综合效益与天然湿地改造。

❶ 保持雷堝现在的净水能力，保护其原生水草并形成水草的物质循环，具体过程为：水草生长—水草收割—水草腐化变为肥料（钾肥）—用于促进作物生长。

❷ 改善种植结构，形成旱地间作系统，增强湿地附近农田的观赏性。

❸ 末端保护天然湿地，并允许定期畜养黄牛，沿河开放湿地游览。

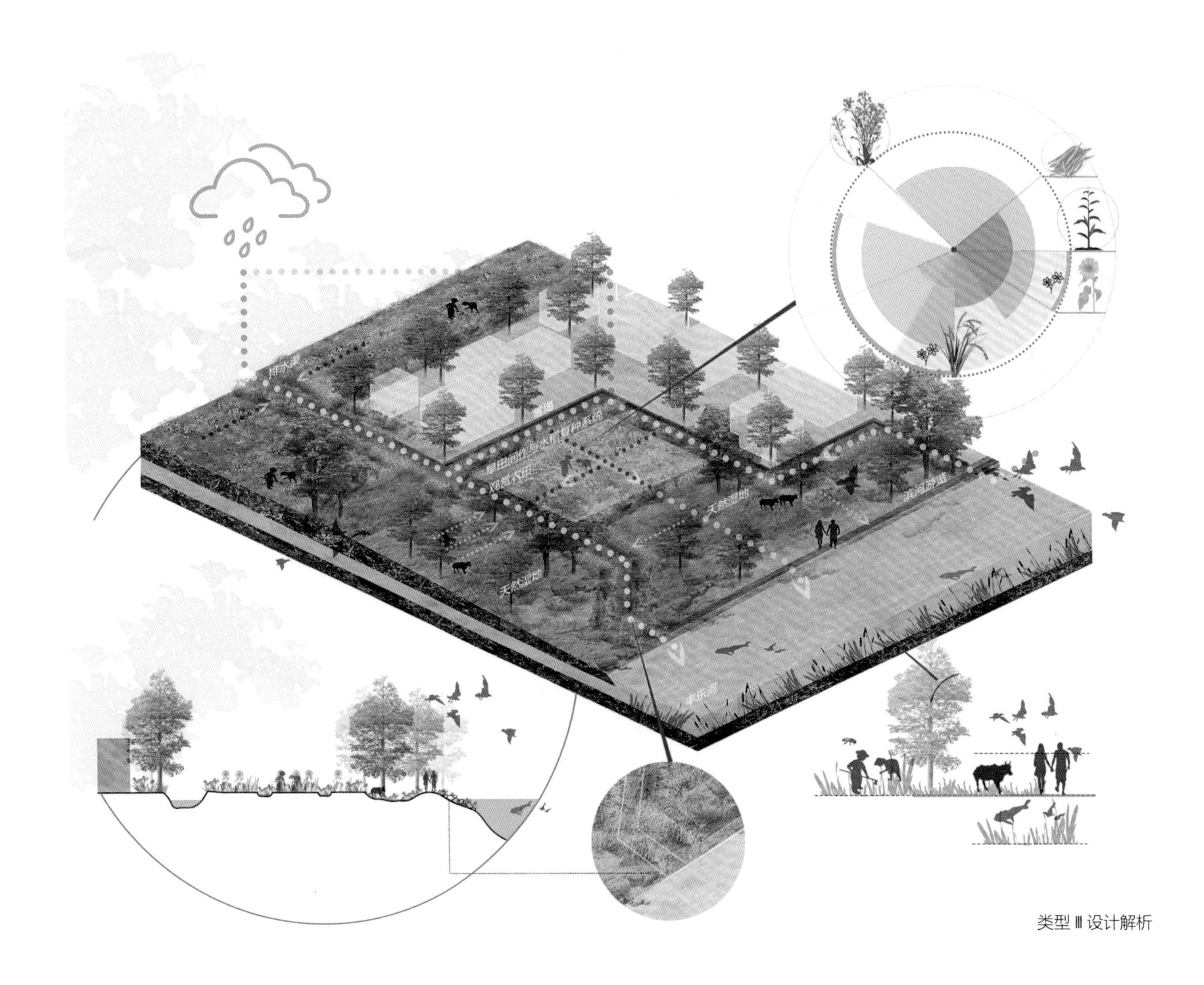

排水渠
旱田间作与水稻复种系统
观赏农田
天然湿地
滨河游览
天然湿地
丰乐河

类型 Ⅲ 设计解析

类型Ⅳ设计

高经济效益与人工湿地改造。

❶ 恢复排水渠的自然属性，可以尝试种植竭中的原生水草。

❷ 改善种植结构，形成旱地—塘系统，维持西红柿种植的情况下，利用塘的功能，养鱼或形成小湿地，消解污染。

❸ 末端强化人工湿地的作用，运用乡土植物，打造自然沉降的净水池系统。

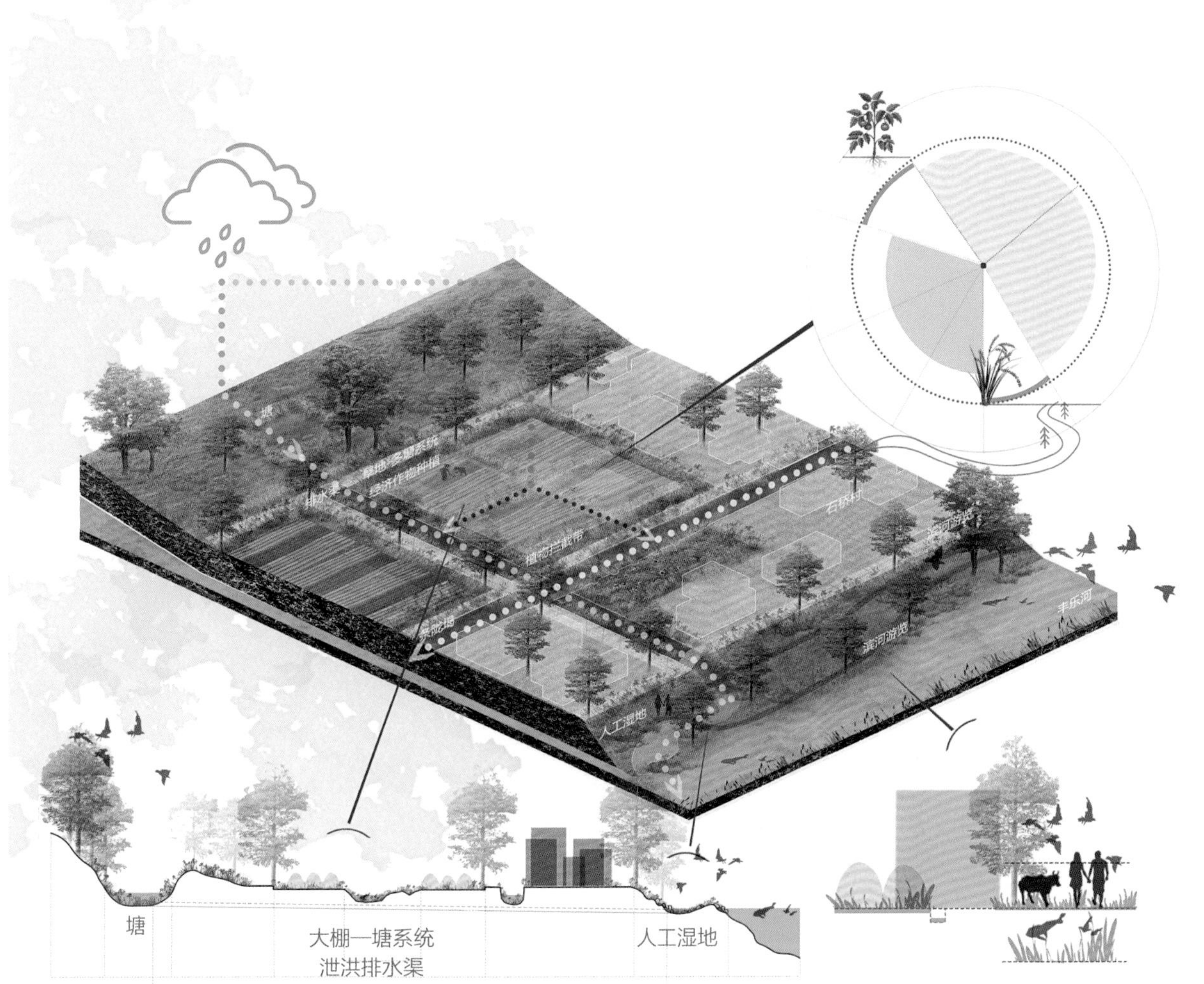

人工湿地
丰乐河
滨河游览
塘
大棚—塘系统
泄洪排水渠
人工湿地

类型Ⅳ设计解析

类型 V 设计

高经济效益与人工湿地改造。

❶ 恢复排水渠的自然属性，可以尝试种植塥中的原生水草。

❷ 改善种植结构，形成水田—塘系统，利用塘填补水田过渡并通过养鱼等功能实现塘的经济价值，鱼的排泄物可以提供氮肥，减少水田种植成本。在水田田垄和道路之间打造可以实现自然净化的田间径流，在水进入水渠前通过塘和径流先得到两次净化，增强水田系统自我消解污染的能力。

❸ 末端改造生态河岸，阶梯石笼缓速水流。

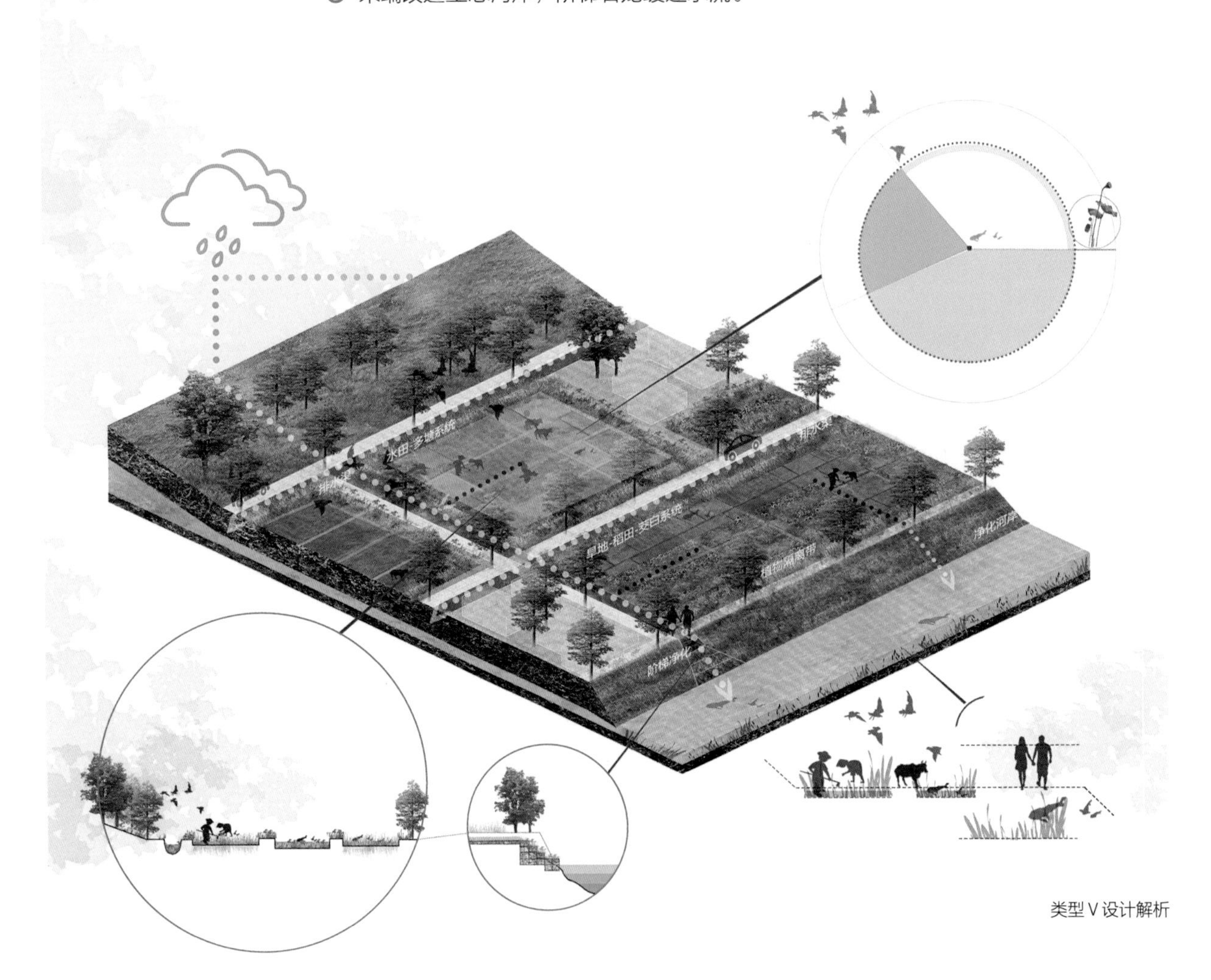

水田-多塘系统
排水渠
排水渠
旱地-稻田-茭白系统
植物隔离带
净化河岸
阶梯净化

类型 V 设计解析

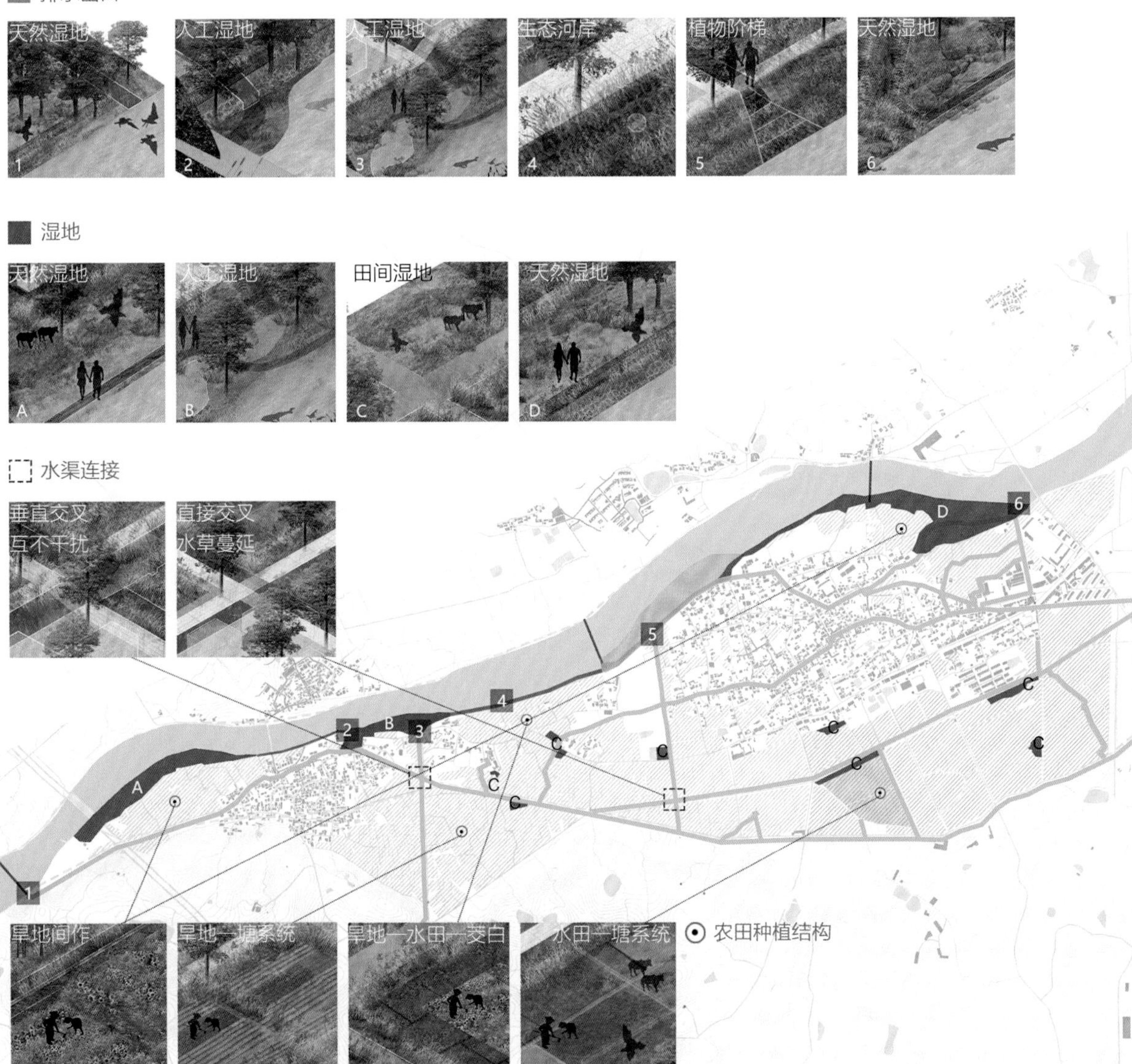
排水出口
天然湿地
1
人工湿地
2
人工湿地
3
生态河岸
4
植物阶梯
5
天然湿地
6
湿地
天然湿地
A
人工湿地
B
田间湿地
C
天然湿地
D
水渠连接
垂直交叉
互不干扰
直接交叉
水草蔓延
旱地间作
旱地—塘系统
旱地—水田—茭白
水田—塘系统
农田种植结构

改造点位分布图

生机重现

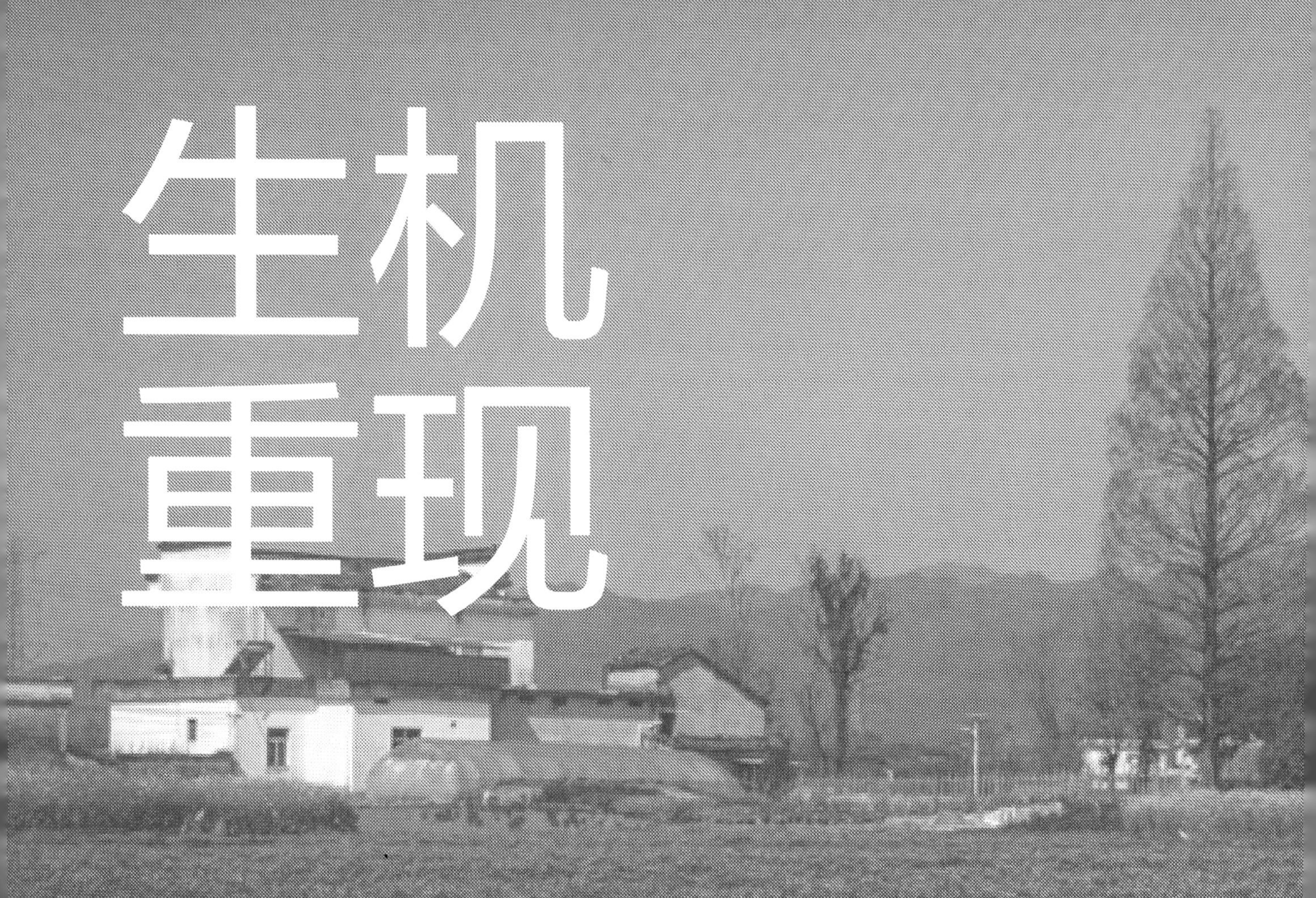

影响

规划

- 海绵田园规划

海绵田园规划

Sponge Farm Planning

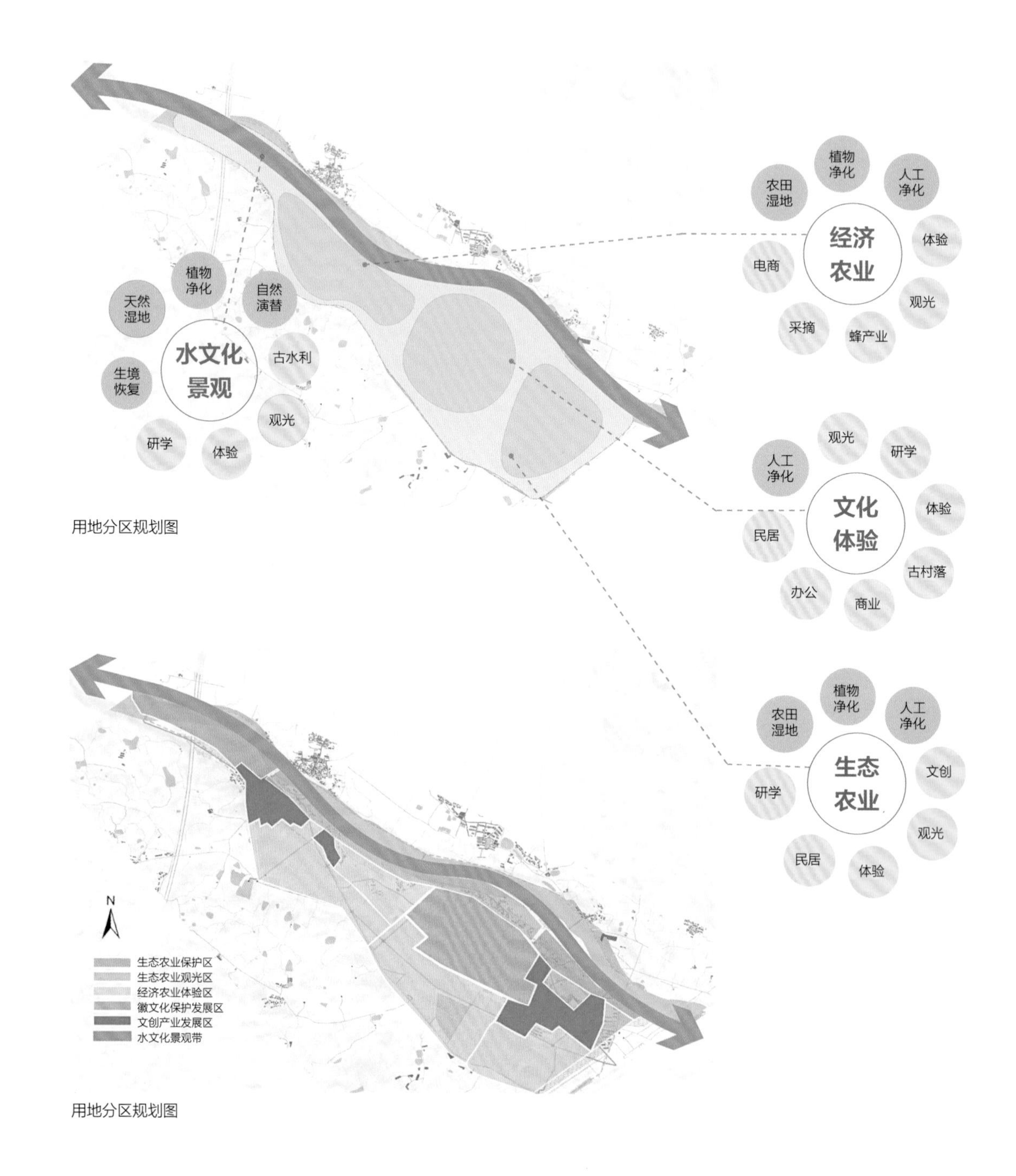
水文化景观
天然湿地
植物净化
自然演替
古水利
观光
体验
研学
生境恢复
经济农业
农田湿地
植物净化
人工净化
体验
观光
蜂产业
采摘
电商
文化体验
观光
研学
体验
古村落
商业
办公
民居
人工净化
生态农业
植物净化
人工净化
文创
观光
体验
民居
研学
农田湿地
N
生态农业保护区
生态农业观光区
经济农业体验区
徽文化保护发展区
文创产业发展区
水文化景观带

用地分区规划图

用地分区规划图

规划结构

海绵农业规划主要依据场地的各地块自然基底和区位条件以及建设成本，通过农业种植系统、调蓄净化系统和景观游憩系统落地海绵模块。

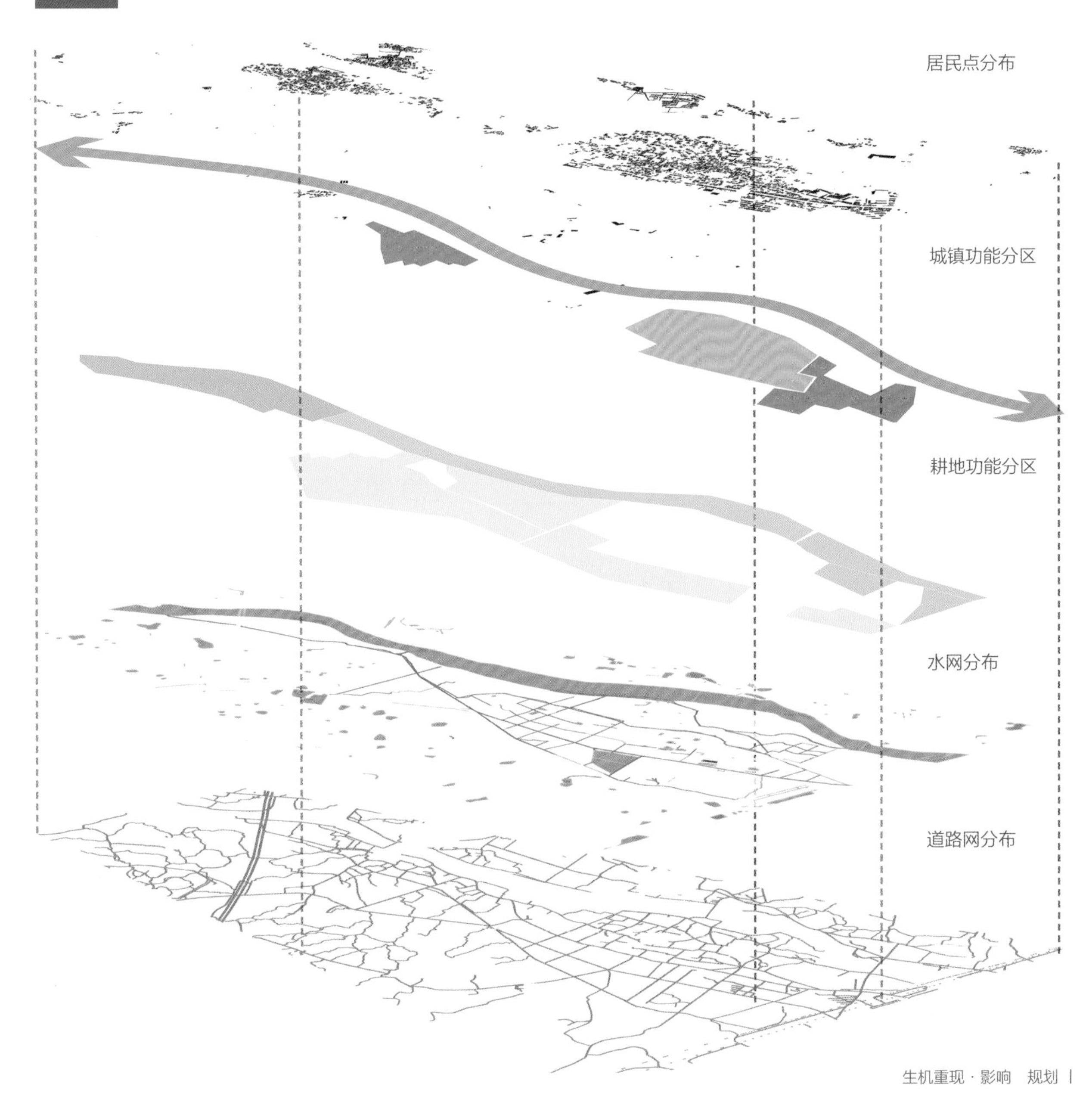
居民点分布
城镇功能分区
耕地功能分区
水网分布
道路网分布

整体策略

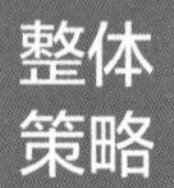

问题
农业面源污染严重
水域富营养化
存在雨洪安全隐患
化肥农药过量施用
水利设施干扰自然过程
生活污水无序排放
总体目标
保护生态本底
因地制宜治理
自然解决途径
海绵新田园
原生
恢复原生生态环境
保护乡土物种与生物多样性
安全
恢复河湖湿地与农田的雨洪调蓄功能，营建海绵乡村
生态格局
水
湿地
耕地
植被
尊重自然
丰产
修复棕地，培肥地力，优化丰产美丽的农耕田园景观
再生
完善“绿色能源—尾废回收—净化—再利用”循环结构
保护策略
河湖自然区
渗蓄涵养
涵养水源
自然积存、自然渗透、自然净化
污染治理
恢复动植物生境
自然驳岸
摒弃固化河岸
文化遗产区
延续传承
研学体验
研究性学习和旅行体验
场所文脉
环境个性、场所感和可识别性
农耕生产区
绿色有机
低影响开发
分散削减农业面源污染
有机肥料
改良土壤、培肥地力
人工与自然修复结合
让自然做功
居住生活区
低碳清洁
能源结构升级
煤改气
中水回收再利用
循环用水，用于灌溉

修复途径

现状：建设与开垦破碎化、生境破碎
改善：保护乡土植物，串联整体生态格局

破碎地——乡土生境恢复

现状：固化增多，传统水利荒废，面临雨洪威胁
改善：恢复自然驳岸、湿地、乡土群落

雨洪地——水源涵养

现状：农田面源污染严重，农田水利固化
改善：在人工湿地的基础上，让自然做功，利用自然演替修复土壤，培肥地力

污染地——人工修复基础上的自然做功

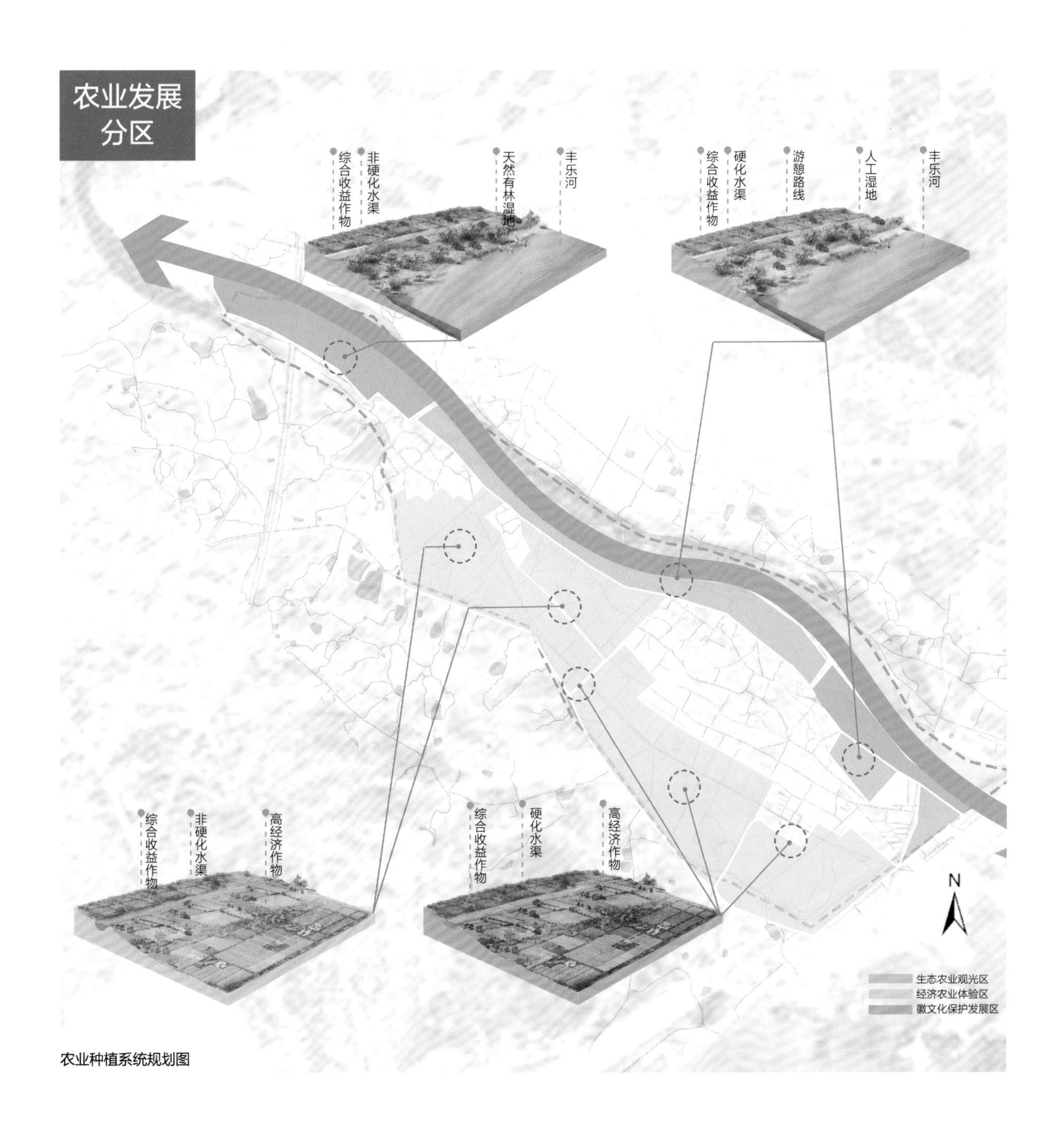
农业发展分区
综合收益作物
非硬化水渠
天然有林湿地
丰乐河
综合收益作物
硬化水渠
游憩路线
人工湿地
丰乐河
综合收益作物
非硬化水渠
高经济作物
综合收益作物
硬化水渠
高经济作物
N
生态农业观光区
经济农业体验区
徽文化保护发展区

农业种植系统规划图

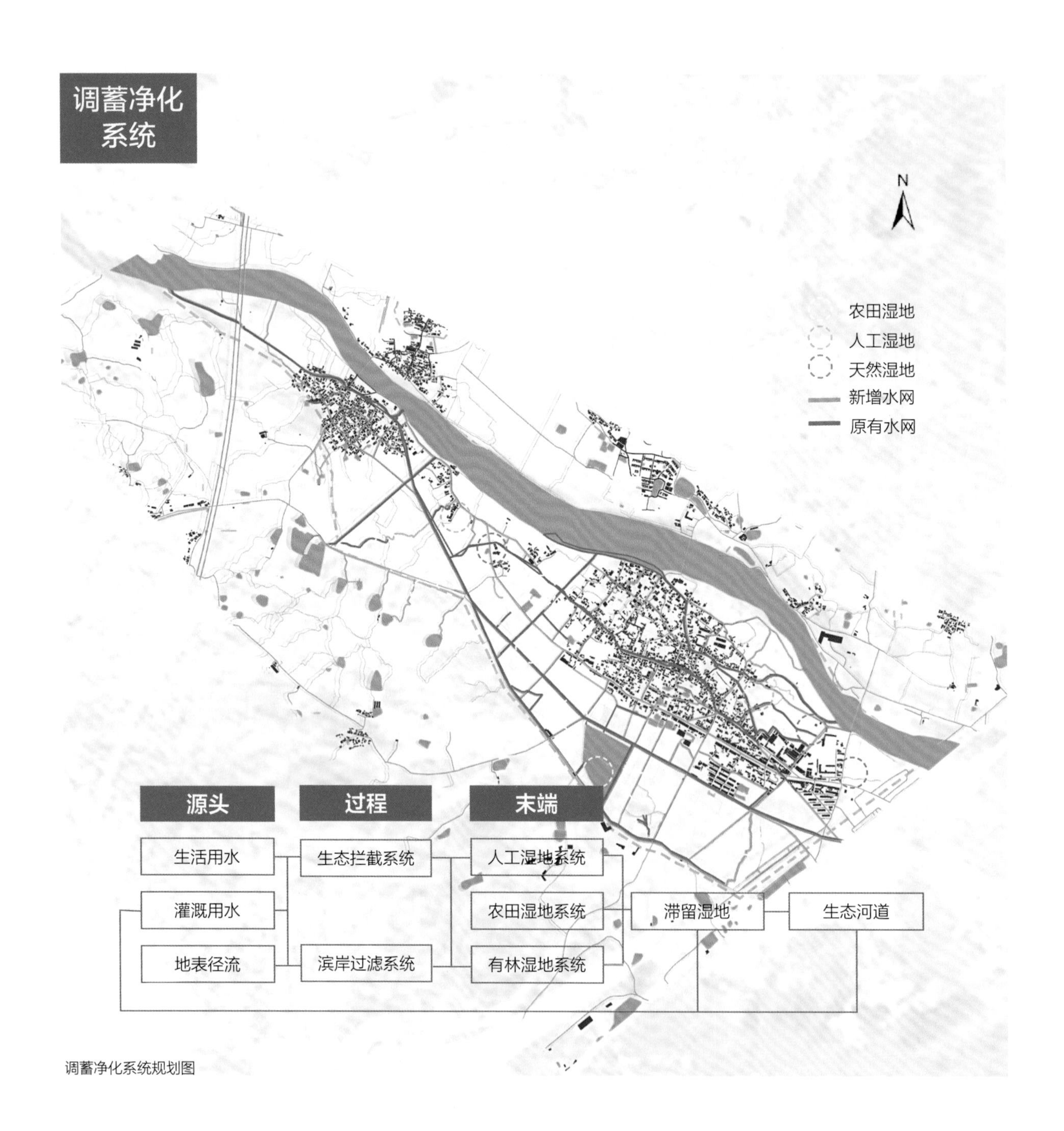
调蓄净化系统
N
农田湿地
人工湿地
天然湿地
新增水网
原有水网
源头
过程
末端
生活用水
灌溉用水
地表径流
生态拦截系统
滨岸过滤系统
人工湿地系统
农田湿地系统
有林湿地系统
滞留湿地
生态河道

调蓄净化系统规划图

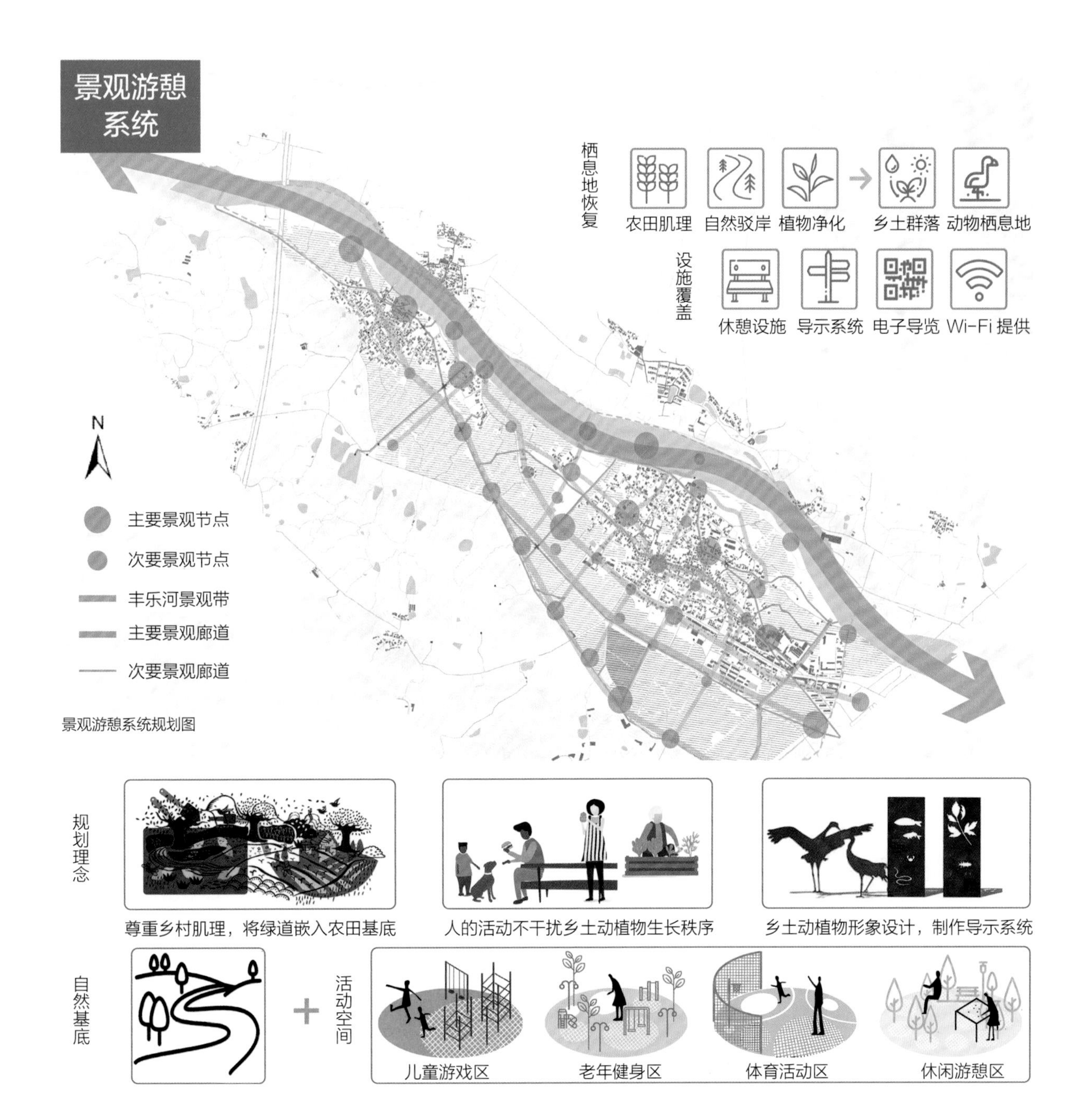
景观游憩系统
栖息地恢复
农田肌理
自然驳岸
植物净化
乡土群落
动物栖息地
设施覆盖
休憩设施
导示系统
电子导览
Wi-Fi 提供
N
主要景观节点
次要景观节点
丰乐河景观带
主要景观廊道
次要景观廊道
规划理念
尊重乡村肌理，将绿道嵌入农田基底
人的活动不干扰乡土动植物生长秩序
乡土动植物形象设计，制作导示系统
自然基底
活动空间
儿童游戏区
老年健身区
体育活动区
休闲游憩区

景观游憩系统规划图

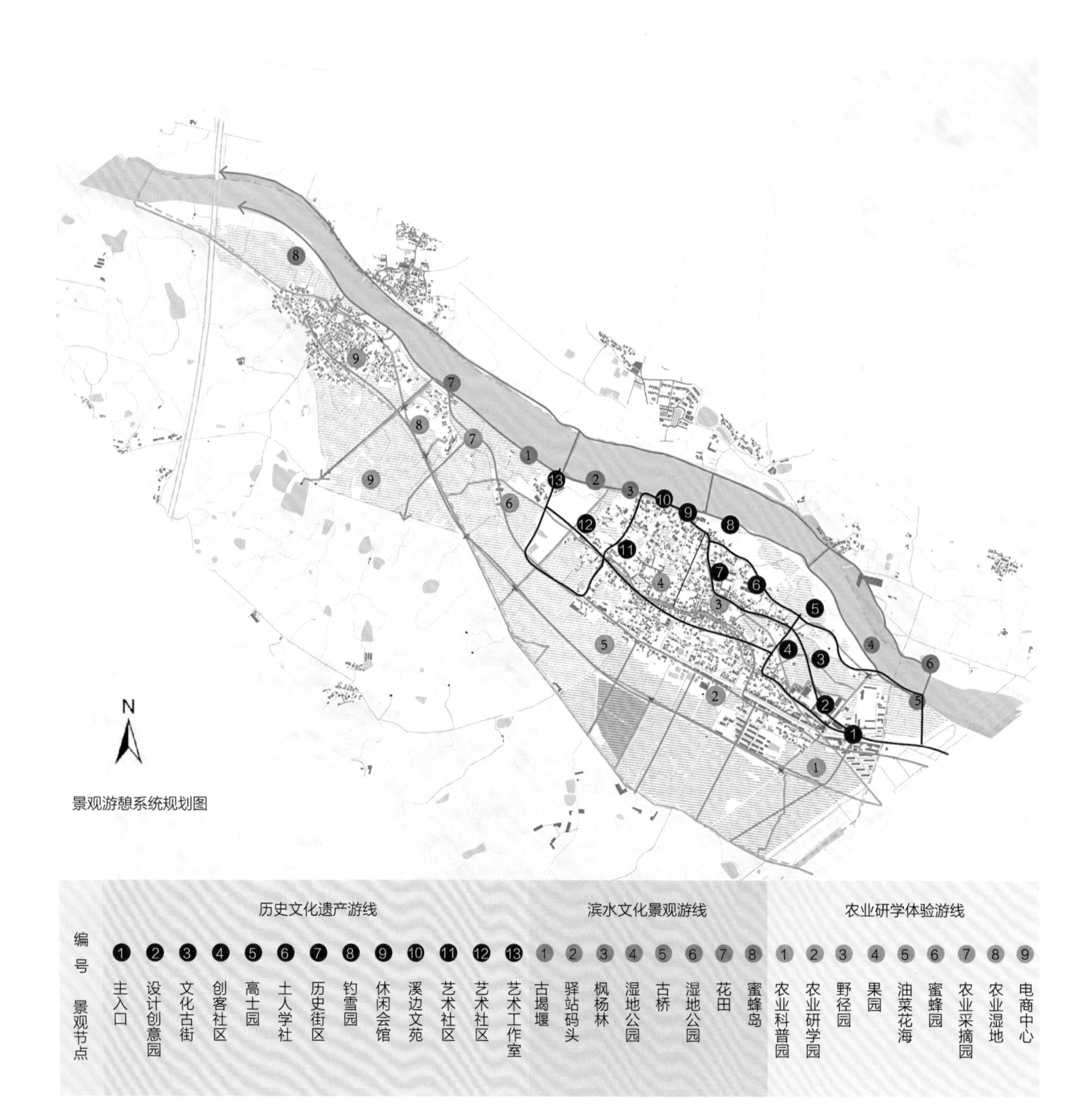
N

景观游憩系统规划图

	历史文化遗产游线												
编号	1	2	3	4	5	6	7	8	9	10	11	12	13
景观节点	主入口	设计创意园	文化古街	创客社区	高士园	士人学社	历史街区	钓雪园	休闲会馆	溪边文苑	艺术社区	艺术社区	艺术工作室

	滨水文化景观游线							
编号	1	2	3	4	5	6	7	8
景观节点	古堨堰	驿站码头	枫杨林	湿地公园	古桥	湿地公园	花田	蜜蜂岛

	农业研学体验游线								
编号	1	2	3	4	5	6	7	8	9
景观节点	农业科普园	农业研学园	野径园	果园	油菜花海	蜜蜂园	农业采摘园	农业湿地	电商中心

通过恢复场地的生态系统服务功能，形成田一水一人一村共生共存的当代新田园，在这种新的海绵田园视野下，人们享受乡村带来的放松身心、教育体验、健康调节等各类服务，同时增加乡村的经济收益，积极发展农业与旅游业，互利共赢。

作为纽带的丰乐河沿岸连通了西溪南与石桥村，增加了丰乐河沿岸的可游览路线，减轻了休闲游憩的单调感，同时将沿岸农业改造为观赏型农业，实现综合绩效的全面提升。沿河为村民、短途游客、背包客等各类人群提供多样的空间体验。

未来
畅想

决策

展望

展望

Outlook

污染消解

农户施用化肥
雨水径流
生态拦截沟
加强吸收和渗透

通过多种方式，净化生产生活污水，消解农业面源污染的危害。让灰色基础设施渐渐被绿色基础设施覆盖，减缓源头排水速度，允许农田自身逐渐吸收转化污染物质，最终提高农业生产与生态的综合绩效。

生态系统服务恢复

碳氮综合
生物多样性
水源涵养

场地中生态系统服务得到进一步恢复。提升水源涵养能力，植物葱郁，为生物提供更多栖息地，万物生长。农田自身固氮、固碳能力提升。塑造美丽新田园，吸引更多短途游客或背包客游玩，使更多原住民安居，带动当地农业、旅游业综合发展。

人—田—水
新田园场景

悠然生

闲暇时间沐阳赏景

村民在农田里耕作

水，重新成为连接人们生活的纽带；田，靠水而生；人，临水而居。曾经离开的居民，都怀着乡愁回到这里。崭新的生产生活面貌和一片宁静古韵吸引着新住民。新旧居民在这里重新找回生活，并携手共筑理想人居之所。

自得其乐
重新亲近水，热爱水
研学旅游带来一片生机

参考文献

[1] CHEN W，HE B，NOVER D，et al.. Farm ponds in southern China: challenges and solutions for conserving a neglected wetland ecosystem [J/OL]. Science of the total environment，2019，659：1322-1334. https://doi.org/https://doi.org/10.1016/j.scitotenv.2018.12.394.

[2] DOSSKEY M G，VIDON P，GURWICH N P，et al.. The role of riparian vegetation in protecting and improving chemical water quality in streams [J/OL]. Journal of the American Water Resources Association，2010，46(2)：261-277. https://doi.org/10.1111/j.1752-1688.2010.00419.x.

[3] DOSSKEY M G，VIDON P，GURWICH N P，et al.. Spatial differentiation characteristics and driving factors of agricultural eco-efficiency in Chinese provinces from the perspective of ecosystem services [J/OL]. Science of The Total Environment，2021，288(11)：933-943. https://doi.org/https://doi.org/10.1016/j.watres.2020.115988.

[4] DUNN A M，JULIEN G，ERNST W R，et al.. Evaluation of buffer zone effectiveness in mitigating the risks associated with agricultural runoff in Prince Edward Island [J/OL]. Science of the total environment，2010，409(5)：868-882. https://doi.org/https://doi.org/10.1016/j.scitotenv.2010.11.011.

[5] LIAO J，YU C，FENG Z，et al.. Spatial differentiation characteristics and driving factors of agricultural eco-efficiency in Chinese provinces from the perspective of ecosystem services [J/OL]. Journal of cleaner production，2020，288：125466. https://doi.org/https://doi.org/10.1016/j.jclepro.2020.125466.

[6] MAHARJAN G R，RUIDISCH M，SHOPE C L，et al.. Assessing the effectiveness of split fertilization and cover crop cultivation in order to conserve soil and water resources and improve crop productivity [J/OL]. Agricultural water management，2015，163：305-318. https://doi.org/https://doi.org/10.1016/j.agwat.2015.10.005.

[7] MENG B，LIU J，BAO K，et al.. Water fluxes of Nenjiang River Basin with ecological network analysis: conflict and coordination between agricultural development and wetland restoration [J/OL]. Journal of cleaner production，2018，213：933-943. https://doi.org/https://doi.org/10.1016/j.jclepro.2018.12.243.

[8] NIKA C E，GUSMAROLI L，GHAFOURIAN M，et al.. Nature-based solutions as enablers of circularity in water systems: a review on assessment methodologies，tools and indicators [J/OL]. Water research，2020，183：115988. https://doi.org/https://doi.org/10.1016/j.watres.2020.115988.

[9] Wang C，Wang G，Feng Z，et al.. Strengthen water conservancy construction，use water resources scientifically，and develop modern agriculture [J/OL]. Procedia environmental sciences，2011，10：1595-1600. https://doi.org/https://doi.org/10.1016/j.proenv.2011.09.253.

[10] WANG Q，QIU J，YU J. Impact of farmland characteristics on grain costs and benefits in the North China Plain

[J/OL]. Land use policy, 2018, 80: 142-149. https://doi.org/https://doi.org/10.1016/j.landusepol.2018.10.003.
[11] WOLI K P, DAVID M B, COOKE R A, et al.. Nitrogen balance in and export from agricultural fields associated with controlled drainage systems and denitrifying bioreactors [J/OL]. Ecological engineering, 2010, 36 (11): 1558-1566. https://doi.org/https://doi.org/10.1016/j.ecoleng.2010.04.024.
[12] WANG X, WU H, YE J. Purification effects of two eco-ditch systems on Chinese soft-shelled turtle greenhouse culture wastewater pollution [J]. Environmental science & pollution research, 2014, 21 (8): 5610-5618.
[13] ZHOU Q, ZHANG Y, WU F. Evaluation of the most proper management scale on water use efficiency and water productivity: a case study of the Heihe River Basin, China [J/OL]. Agricultural water management, 2020, 246: 106671. https://doi.org/https://doi.org/10.1016/j.agwat.2020.106671.
[14] 侯静文，崔远来，赵树君，等．生态沟对农业面源污染物的净化效果研究[J]．灌溉排水学报，2014，33(3)：7-11.
[15] 徽州区地方志办公室．黄山市徽州区志[M]．合肥：黄山书社，2012.
[16] 徽州区地方志办公室．丰南志[M]．合肥：黄山书社，2018.
[17] 李艳华，王彬郦，李弘，等．农业面源污染综合治理工程系统设计案例[J]．净水技术，2020，39(8)：167-173.
[18] 梁诸英．明清时期徽州地区灌溉水利的发展[J]．南京农业大学学报（社会科学版），2006(1)：73-77.
[19] 梁诸英．明清时期徽州水灾与徽州社会[J]．安徽大学学报（哲学社会科学版），2013，37(2)：112-118.
[20] 刘福兴，陈桂发，付子轼，等．不同构造生态沟渠的农田面源污染物处理能力及实际应用效果[J]．生态与农村环境学报，2019，35(6)：787-794.
[21] 彭博．降雨空间分布及点面关系研究[D]．合肥：合肥工业大学，2016.
[22] 歙县地方志编纂委员会．黄山市歙县志[M]．合肥：黄山书社，2010.
[23] 师晓洁．兴化地区圩—垛田景观研究[D]．北京：北京林业大学，2020.
[24] 谈一鸣，马明海，卢欢，等．丰乐河徽州区段水质分析与评价[J]．广东化工，2020，47(24)：95-96，86.
[25] 王晓玲，李建生，李松敏，等．生态塘对稻田降雨径流中氮磷的拦截效应研究[J]．水利学报，2017，48(3)：291-298.
[26] 文天申．水利：安徽农业的命脉[J]．今日中国，1990(4)：8.
[27] 吴兵．城市河道滨岸带生态修复技术研究[D]．合肥：安徽建筑大学，2018.

[28] 吴春霞．小流域设计洪水经验公式研究［D］．合肥：合肥工业大学，2016.
[29] 吴梦柯，黄显怀．西溪南镇水体环境评价及水生植物对水体氮磷的净化［J］．工业用水与废水，2016，47（3）：74-77，83.
[30] 吴梦柯．西溪南镇水污染调查与评价及环境条件对氮磷污染的净化作用［D］．合肥：安徽建筑大学，2016.
[31] 吴义锋，吕锡武，仲兆平，等．河渠岸坡特定生态系统的脱氮效率及影响因素［J］．中南大学学报（自然科学版），2011，42（2）：539-545.
[32] 尧水红，刘艳青，王庆海，等．河滨缓冲带植物根系和根际微生物特征及其对农业面源污染物去除效果［J］．中国生态农业学报，2010，18（2）：365-370.
[33] 于冰沁，田舒，车生泉．从麦克哈格到斯坦尼兹：基于景观生态学的风景园林规划理论与方法的嬗变［J］．中国园林，2013，29（4）：67-72.
[34] 俞孔坚．论生态治水:“海绵城市”与“海绵国土”［J］．人民论坛·学术前沿，2016（21）：6-18.
[35] 俞孔坚．“新上山下乡运动”与遗产村落保护及复兴：徽州西溪南村实践［J］．中国科学院院刊，2017，32（7）：696-710.
[36] 俞孔坚，等．海绵城市：理论与实践［M］．北京：中国建筑工业出版社，2016.
[37] 张建喜，程传东，方秀全．徽两优898水稻在黄山市徽州区的种植表现及栽培技术［J］．现代农业科技，2018（11）：34.
[38] 赵懿梅．徽州水利文化遗产保护及开发研究：以西溪南地区为例［J］．安徽农业大学学报（社会科学版），2018，27（6）：114-121.

致谢 | Thanks

感谢北京大学建筑与设计学院俞孔坚教授提供专业意见

感谢博士生王玉圳、博士生彭晓协助指导

感谢安徽省黄山市徽州区西溪南镇相关官员和居民提供的帮助

感谢北京大学教育基金对本次设计课程实地调研的支持

本书图片未经说明由作者本人拍摄制作，部分素材来源于网络。
原作者请与木书作者联系：jiehua8023@pku.edu.cn

图书在版编目（CIP）数据

海绵田园 = Sponge Farm / 俞孔坚等著. --北京：中国建筑工业出版社，2024.8

（北京大学设计课程系列）

ISBN 978-7-112-29231-8

Ⅰ. ①海… Ⅱ. ①俞… Ⅲ. ①水环境—生态恢复—研究 Ⅳ. ①X171.4

中国国家版本馆CIP数据核字（2023）第186714号

责任编辑：王晓迪　费海玲
版式设计：锋尚设计
责任校对：赵　力

北京大学设计课程系列
海绵田园
Sponge Farm
俞孔坚　王　璐　付宏鹏　揭　华　李　彤　彭　晓　王玉圳　著
*
中国建筑工业出版社出版、发行（北京海淀三里河路9号）
各地新华书店、建筑书店经销
北京锋尚制版有限公司制版
天津裕同印刷有限公司印刷
*
开本：889 毫米×1194 毫米　1/20　印张：6⅘　字数：205 千字
2024 年 8 月第一版　2024 年 8 月第一次印刷
定价：**88.00** 元
ISBN 978-7-112-29231-8
（41701）